はじめての GeneXus

GeneXus16仕様

株式会社ウイング

カナリアコミュニケーションズ

序文

「こんなに早く、動くシステムに触れられて失敗のないシステム導入ができた」
「IT部門とベンダーが一つのチームとなり、協力して利用者に質のよいシステムが提供できた」
「従来はベンダーに丸投げだったが、ユーザのIT部門として、主体的にシステム構築する役割を取り戻した」
「要件定義工程で業務の流れ・データの流れなど利用者の声を聞き確認できたので、以降の工程は安心して進められた」

　これらは、ウイングがGeneXusを活用し、システム開発を進めたときに寄せられた声です。ITエンジニアとして冥利に尽きる言葉です。
　GeneXusと出合ったのは今から16年前、その機能を聞いた時には衝撃を超え、嘘だろうと思いました。これが本当の話だとすると従来のIT企業の経営活動、システム開発方法、ITエンジニアの働き方が変わってくるだろうと考え、日本企業の要求に耐えられるシステムが開発できるのだろうかと数年GeneXusを研究しました。
　その頃のウイングは下請け、下流工程中心の開発業務で、受注単価も低かったのです。また、納期や品質を守ろうと真面目な社員が残業、休日出勤を当たり前のように行っていました。これらを変えていきたい、社員に仕事に喜びを見いだしてもらいたい、お客様から経営活動や事業が早く動いたと喜んでもらいたいとGeneXus活用によるシステム開発に取り組んできました。
　そして現在、新しい課題が生まれながらも、製造業、建設業、流通業、金融業の大手著名企業から直接注文をいただいています。また、官公庁の開発業務も、GeneXus＋アジャイル開発で行っています。上流工程要件定義から実装、稼働

までの開発工程を行うようになり、ユーザ企業のGeneXus導入支援コンサルティングもできるようになりました。受注単価も大手ITベンダーには及ばないもののそれなりに高くなりました。社員の平均残業時間は最近では毎月10時間前後に減り、有給休暇の取得も進んできました。何より、社員の成長や意欲が現れてきたことをうれしく思っています。

　IT業界は新3Kだといわれている。IT業界をもっと魅力的にしたい、学生や若いエンジニアがやりがいや希望をもって価値ある仕事ができる業界にしていきたい。そのためにはIT企業が技術者派遣事業や下請けの業態から、ユーザ企業から受注し、上流工程から開発に関われるように転換することをGeneXusの活用を通して進めてほしいと思っています。ウイングがそうであったように。

　本書はGeneXusに初めて触れる方、以前使おうとしたが途中でつまずいた方にGeneXusによるシステム構築方法を理解、実践してもらおうと書いたものです。システム開発の工期短縮、導入運用開始を早くするため、失敗しないシステム開発を行うため、ITエンジニアの働き方改革を進めるために、本書を活用してほしいと思います。

　紙面を読んだだけではうまく進められないことや、書籍に記載されていないことをお知りになりたい場合には、ぜひ、ウイングまたはジェネクサス・ジャパン株式会社までお問い合わせください。

　ITエンジニアがやりがいと希望と楽しさをもって、ご活躍できることを祈っています。

株式会社ウイング　代表取締役　樋山証一

はじめに

　本書をお手に取っていただき、まことにありがとうございます。
　GeneXusとは何なのか、どう使えばいいのか、本当に高速開発が可能なのか。GeneXusを少しでもご存知の方でしたら、このような疑問はお持ちだと思います。
　GeneXusの歴史は長く、生まれは南米ウルグアイにある「GeneXus社」によって1989年に初代バージョン1が発表されました。既に30年以上もの歴史ある製品です。
　日本で最初に発売されたのは、2003年。私共株式会社ウイングはその頃よりGeneXusでの開発に携わってきた企業です。そして、これからお伝えすることは、私共が長きにわたり経験したノウハウを凝縮し、GeneXusで内製化をお考えの方、GeneXusで効率よい開発をお考えの方、アジャイルで開発を進めていきたい方。そのようなみなさまの思いを形にする第一歩の書籍としてご活用していただきたいと考え、まとめたものです。

　本書の前に「はじめてのGeneXus」を出版いたしました。当時は唯一のGeneXus本といわれ好評いただいていた書籍です。また、GeneXus X Evolution1と少々古いバージョンでしたが、それでも未だにニーズがある書籍なのですが、お客様方から多くのお声をいただき最新のバージョン（2019年当時）で出版するはこびとなりました。内容もリニューアルし、より分かりやすい内容にしています。
　本書を片手に一人でGeneXusを学ぶことも可能です。GeneXusのチューターとして活用いただいても結構ですし、内製化される際の、教材テキストとしてご利用いただいても構いません。学校の教材としてもご利用出来るでしょう。
　導入トレーニングとして「とても分かりやすい」と評価いただいているウイングのGeneXusトレーニングで、実際に使っているテキストをベースに作成していますので、ご安心してお使いいただけると思っております。

　さて、GeneXusをご存じない方も、本書をお手にしていただければ開発について違った視点を持つことが可能になるかもしれません。
　GeneXusは開発するためのツールです。道具ですから使い方が適切であれば、どなたのシステム開発にも貢献してくれるはずです。そのためには、正しい使い方を覚えて、応用していくことです。何事も基本が肝心です。

GeneXusは高いポテンシャルを持ち、みなさまの様々な要求に応えるために深い技術力を持って作られています。そのため、JAVAなどの言語やDBについての専門知識の習得ということではなく、GeneXusの使い方、お作法を学ぶことになります。少々信じ難いお話になりそうですが、それが間違っていないことは、GeneXusが30年以上の歴史あるツールであり、いくつもの成果が物語っています。もちろん制約事項はあります。その制約事項も使い方の1つとして考えていただければ、障壁にはならないと思います。

本書の対象者

　Webシステム開発者であれば、一通りの理解ができる内容になっています。また、GeneXusというツールは、プログラマ向けというより、システムエンジニア（以降、SE）向けのツールです。SE経験、またはプロジェクトマネージャ（以降、PM）経験のある方であれば、GeneXusの特性をより理解していただけると思います。

　GeneXusはDOA（Data Oriented Approach：データ中心アプローチ）の要素が基盤になっております。DOAの考え方はGeneXusを利用する上ではとても重要なファクターです。本書ではDOAについては記載をいたしておりませんが、専門書などで一度学ばれるとより理解を深めることができるでしょう。

　では、どうぞGeneXusというツールを本書で学んでください。本書は基礎講習で実際に利用されている内容を盛り込んでおりますので、分かりやすいと評判のテキストとなっています。

　読み進めていただきながら、操作をしていただき復習をするとより効果的に学べると思います。

目次

序文 ……………………………………………………………………………… *002*
はじめに ………………………………………………………………………… *004*

1章. GeneXusを使うという事 …………………………… *013*
   1-1. 噂のGeneXusは、開発ツールなんです ………………………… *014*
   1-2. GeneXusで成功するための我々の心構え ……………………… *015*

2章. 基本操作と主要オブジェクト ……………………… *017*
   2-1. GeneXusの主要オブジェクトの役割 ……………………………… *018*
   2-2. GeneXusの操作説明 …………………………………………………… *020*
      1.メニューバー　*020*
      2.KBエクスプローラーウインドウと設定ウインドウ　*027*
      3.各オブジェクトのタブ　*028*
      4.プロパティウインドウ　*028*
      5.ツールボックスウインドウ　*029*
   2-3. 新規ナレッジベースの作成 …………………………………………… *030*
      Step 1：ナレッジベースを作成する　*030*
      Step 2：プロトタイプ環境の確認　*031*
      Step 3：ジェネレーターの設定　*031*
      Step 4：データストアの設定"　*031*
   2-4. トランザクション（Transaction）オブジェクト ……………… *032*
      Step 1：伝票トランザクションを作成する　*032*
      Step 2：項目属性（Attribute）を定義する　*033*
      Step 3：式（Formula）を定義する　*034*
      Step 4：Web Formを確認する　*035*
      Step 5：実行して確認する　*036*
      Step 6：トランザクション構造を変更する　*038*
      Step 7：Web Formの変更確認　*039*
      Step 8：Ruleを定義する　*040*
      Step 9：エラーの種類と対処方法　*041*
   2-5. テーマ（Theme）の設定 …………………………………………… *042*

　　　　Step 1：テーマのクラス（Class）を修正する　　*042*
　　　　Step 2：グリッドのデザインを修正する　　*044*
　　　　Step 3：補足説明　　*045*
　　2-6. ウェブパネル（Web Panel）オブジェクト ……………………………… *047*
　　　　Step 1：ウェブパネル（Web Panel）オブジェクトを新規作成する　　*047*
　　　　Step 2：グリッド（Grid）を設定する　　*047*
　　　　Step 3：検索項目を設定する　　*050*
　　　　Step 4：検索条件を設定する　　*052*
　　　　Step 5：検索ボタンの配置　　*053*
　　　　Step 6：自動ページング　　*054*
　　　　Step 7：列の自動並び替え　　*054*
　　　　Step 8：データ抽出件数　　*055*
　　　　Step 9：並び順（Order）　　*056*
　　　　Step 10：他画面への遷移を追加する　　*056*
　　2-7. プロシージャ（Procedure）オブジェクト ……………………………… *057*
　　　　Step 1：プロシージャ（Procedure）オブジェクトを作成する　　*057*
　　　　Step 2：プロシージャ（Procedure）を呼び出す処理を追加する　　*059*
　　2-8. レポート出力 …………………………………………………………………… *061*
　　　　Step 1：プロシージャ（Procedure）オブジェクトを作成する　　*061*
　　　　Step 2：レポートの呼び出し　　*064*

3章. トランザクション設計 …………………………………………………… *067*

　　3-1. トランザクションの考え方 …………………………………………………… *068*
　　　　3-1-1. トランザクション定義　　*069*
　　　　3-1-2. 項目属性の命名　　*071*
　　　　3-1-3. トランザクション同士の関連の定義　　*072*
　　3-2. ベーステーブル＆拡張テーブル ……………………………………………… *073*
　　3-3. トランザクション同士の関連の有無による動作の違い …………………… *074*
　　　　3-3-1. 動作の違いその1　　*075*
　　　　3-3-2. 動作の違いその2　　*077*
　　　　3-3-3. 同名による関連付け　　*079*
　　3-4. サブタイプ（Subtype）オブジェクトの使用例 …………………………… *080*
　　　　3-4-1. 基本の使用方法　　*080*
　　　　3-4-2. 1つのトランザクションから同じマスタに複数の関連を持たせる場合　　*081*
　　　　3-4-3. 1：1の関連　　*084*

3-4-4. 再帰的な関連　*085*
3-4-5. N：Nの関連　*086*

3-5. GeneXusにおけるデータモデルのポイント　*087*
3-5-1. 項目の意味を考える　*087*
3-5-2. キー項目の冗長化　*088*
3-5-3. データ作成時点のマスタ値を保持　*089*

3-6. 参考情報　*090*
3-6-1. 内部結合と外部結合　*090*
3-6-2. ユーザインデックス　*090*
3-6-3. 参照整合制約　*091*

3-7. データダイアグラム　*092*

4章. 特徴的な機能　*093*

4-1. For Eachコマンド　*094*
4-1-1. For Eachの基本　*094*
4-1-2. For Eachの入れ子　*095*
4-1-3. For Eachのコントロールブレイク　*096*

4-2. ドメイン（Domain）　*097*

4-3. コンボボックスコントロール　*098*
Step 1：コントロールタイプをCombo Boxに設定する　*098*
Step 2：Dynamic Combo Boxを設定する　*099*
Step 3：Dynamic Combo BoxのConditionsを設定する　*100*

4-4. SDT（Structured Data Type）　*101*
Step 1：Structured Data Typeを作成する　*101*
Step 2：Structured Data Type にデータを格納する　*102*
Step 3：Structured Data Type に格納されたデータを取り出す　*104*

4-5. グリッドのカスタマイズ　*106*

4-6. ベーステーブルがないグリッド　*108*
Step 1：SDT（Structured Data Type）を作成する　*108*
Step 2：伝票検索SDTウェブパネルを作成する　*109*
Step 3：SDTにデータを格納する　*110*
Step 4：Web FormにSDTを配置する　*111*
Step 5：SDTのソートを設定する　*112*

4-7. レスポンシブWebデザイン　*113*
4-7-1. レスポンシブWEBデザインの前提　*113*

  4-7-2. Responsive Sizeプロパティ　*115*
  4-7-3. グリッドのレスポンシブWEBデザイン対応　*117*
- 4-8. 画像の管理 …………………………………………………………………… *119*
  Step 1：画像の登録方法　*119*
- 4-9. よく使う文法 ………………………………………………………………… *121*

5章. 実践的な開発テクニック　*123*

- 5-1. ウェブパネル（Web Panel）におけるイベント動作……………*124*
  5-1-1. サーバ側で実行されるイベントの種類と実行順序　*124*
  5-1-2. クライアント側で実行されるイベントの種類　*126*
  5-1-3. Smoothと互換の動作、クライアントとサーバ動作の比較　*127*
  5-1-4. サーバイベントと関連する変数に値を代入している場合　*128*
- 5-2. ビジネスコンポーネント（Business Component）……………*130*
  5-2-1. ビジネスコンポーネント(Business Component)の使用方法　*130*
- 5-3. セッション変数 …………………………………………………………… *135*
  Step 1：単項目をセッション変数で受け渡す　*135*
  Step 2：SDTをセッション変数で受け渡す　*136*
- 5-4. JavaScript ………………………………………………………………… *137*
  Step 1：JSEventを使用する　*137*
  Step 2：TextBlockのCaptionに記述する　*138*
- 5-5. CSVファイルの読込み／書込み …………………………………… *139*
  Step 1：CSVファイルを読み込む　*139*
  Step 2：CSVファイルを書き込む　*140*
- 5-6. 集計式 ……………………………………………………………………… *141*
- 5-7. 正規表現 …………………………………………………………………… *142*
- 5-8. デバッグモード …………………………………………………………… *143*
  Step 1：リリースモードからデバッグモードへ変更する　*144*
  Step 2：ブレークポイントを設定して、デバッグを行う　*145*
  Step 3：デバッグの終了　*146*
- 5-9. バッチ処理・Webサービス …………………………………………… *147*

6章. ナレッジ管理と開発基準 ... 149

6-1. オブジェクトの履歴管理 ... 150
1. 履歴の表示方法 *150*
2. 差分の比較 *151*

6-2. オブジェクトの参照 ... 152

6-3. ナレッジベースのバージョン管理 ... 153
1. バージョンのフリーズ（Version1.00のフリーズ） *153*
2. 変更可能な新規バージョンの作成 *155*
3. アクティブなバージョンの切り替え *156*

6-4. GeneXusServerを使用してシステム開発を行う場合の管理方法 ... 157
6-4-1. ナレッジ共有のイメージ *157*
6-4-2. GeneXusServerの機能 *158*
6-4-3. 共同開発環境（GeneXusServer）の利用 *158*

6-5. GeneXusServerを使用しないでシステム開発を行う場合の管理方法 ... 161
6-5-1. xpzファイルのエクスポート／インポート *161*
6-5-2. 開発Objectの管理ルール *163*

6-6. 開発命名規約例 ... 165
6-6-1. データベース関連のオブジェクト名 *165*
6-6-2. 項目属性（Attribute） *166*
6-6-3. オブジェクト名 *167*
6-6-4. 変数（Variable） *168*
6-6-5. コントロール名 *169*
6-6-6. Subtype Group（サブタイプグループ）名 *169*
6-6-7. Domain（ドメイン）名 *170*
6-6-8. フォルダ名 *171*

7章. GeneXusサポート機能 ... 173

7-1. 外部データベースの利用 ... 174
7-1-1. データビュー（Data View）とは *174*
7-1-2. リバースエンジニアリングツール（Database Reverse Engineering Tool） *175*

7-2. 多言語対応 ... 182
7-2-1. 静的な言語設定 *182*
7-2-2. 動的な言語設定 *185*

7-3. 外部機能の取り込み ... 186
7-3-1. C#.Netでのdllの取込例 *186*

  7-3-2. ストアドプロシージャの取込例　*188*
- 7-4. パターン（Patterns） ……………………………………………………… *189*
  7-4-1. Work Withパターンの適用　*189*
  7-4-2. Work Withパターンの共通設定　*192*
  7-4-3. Work Withパターンの画面カスタマイズ　*194*
- 7-5. ユーザーコントロール ……………………………………………………… *196*
- 7-6. GeneXus Access Manager（GAM） ……………………………………… *197*
  7-6-1. GAMの導入方法　*197*
  7-6-2. GAM Web Backoffice　*200*

8章. スマートデバイスジェネレータ　*203*

- 8-1. スマートデバイスの基本構成 ……………………………………………… *204*
- 8-2. 構築準備 ……………………………………………………………………… *206*
  8-2-1. Deploy to cloudプロパティ　*207*
  8-2-2. Knowledge Base Navigator　*207*
- 8-3. 簡易サンプルの作成手順 …………………………………………………… *208*

9章. レスポンスを考慮した開発テクニック　*211*

- 9-1. レスポンスの注意点 ………………………………………………………… *212*
  9-1-1. トランザクションの関連を正しく適用し、活用する　*212*
  9-1-2. 抽出条件はForEachのWhereに含める　*215*
  9-1-3. DBへのアクセス処理とプログラムの処理を混ぜない　*216*
  9-1-4. ForEachのWhere条件にプロシージャや関数を使用しない　*217*
  9-1-5. ユーザインデックスを作成する　*218*
  9-1-6. SDTをWebPanel上に配置する場合の注意　*219*
  9-1-7. ビジネスコンポーネントを使用した大量の更新　*219*
  9-1-8. ループ内で行う必要の無い処理の整理　*220*
- 9-2. ビルド時間の性能改善 ……………………………………………………… *220*

  補足 ……………………………………………………………………………… *221*

目次

〈付録〉

〈付録1〉GeneXusを利用した業務システム開発手法 …… 224
付1-1 要件定義からGeneXusを活用する　*224*
付1-2 超高速開発プロセス　*225*
付1-3 最後に　*230*

〈付録2〉GST（GeneXus SYSTEM-Template）でさらなる高生産性へ …*231*
付2-1 GSTのメリット　*231*
付2-2 GSTの特徴　*232*
付2-3 GSTの目的　*236*

〈付録3〉WorkWithPlus ……………………………………………*237*
付3-1 WorkWithPlusの概要　*237*
付3-2 WorkWithPlusの機能　*238*
付3-3 WorkWithPlusのパターン設定（テンプレート編集）　*239*
付3-4 WorkWithPlusのパターン設定（各トランザクション）　*242*

〈付録4〉評価ライセンス、インストール等について ……………*243*

終わりに ………………………………………………………………*244*

1章 GeneXusを使うという事

1-1 噂のGeneXusは、開発ツールなんです

　GeneXusを一言で語るのは、実はとても至難の業です。ですが、あえて一言で言えば、コンピュータシステムを自動生成する「開発ツール」とお伝えします。
　GeneXusは、業務仕様を投入することで、データモデル及び、C#、JAVAなどのソースプログラムをジェネレータに通して、自動的にシステムを生成するDOAによる統合開発ツールです。
　データの分析結果（データの要素）をGeneXusに投入し、業務ルールを設定することで、システムを構築していきます。GeneXusは自動生成型ツールですので、「高品質、高生産性」という特徴があることはもちろんですが、それ以外の大きな特徴として「業務資産の継承」が挙げられます。
　GeneXusで開発する場合、使用するDBMSや、設定されているC#、JAVA等のプログラム言語について意識することはありません。あくまでシステムの業務仕様である、使用するデータとデータ型及びその構成については、トランザクション・オブジェクト、業務ルールや出力様式については、プロシージャ・オブジェクトにそれぞれ定義します。

　さて、このGeneXusの各オブジェクトへの定義というのは、「図1.GeneXus自動生成概念図」における「ビジネス」の部分にあたります。つまり、GeneXusユーザはこの「ビジネス」部の定義をすることが主な仕事であり、その後は全てGeneXusの仕事となります。
　GeneXusは、ユーザによって定義された「ビジネス」部の業務仕様を、設定されたDBMS及びプログラム言語に従い、ジェネレータを通して「アプリケーション」を出力します。ちなみに、この行為を「ビルド」と呼び、「ビジネス」部からデータモデルの構築、及びソースプログラムの出力を行い、それぞれをコンパイル後、GeneXusの開発者メニューの呼び出しをするまで、1つのアクションで行います。
　GeneXusは、この業務仕様である「ビジネス部」と、技術的な要件である「テクノロジー部」を完全に切り離していることが大きな特徴です。
　メソッドとしては、各DBMSやプログラム言語に依存しない開発ができることから、将来的に「テクノロジー部」が対応できなくなってしまった場合、新たな「テクノロジー部」（具体的には新型ジェネレータ）に切り替えることで、「ビジネス部」を将来まで永続的に利用することが出来る点にあります。これは、GeneXusで開発されたシステムが、半永久的にリプレース、及びダウンサイジングを、容易に成し遂げられることを意味します。

これこそが、GeneXusの大きな特徴であり、本項の冒頭に挙げた魅力の1つである「業務資産（ビジネス）の継承」の仕組みです。

図1　GeneXus自動生成概念図

GeneXusは、投入された業務の記述を解析し、実現方法を含む設計情報を推論エンジンにより自動生成します。
生成された実現方法を含む設計情報に基づきアプリケーション生成機能が、要求された実装環境用のアプリケーションと物理データベースを自動生成します。
自動生成されたソースはベンダーロックインはなく、資産化できます。

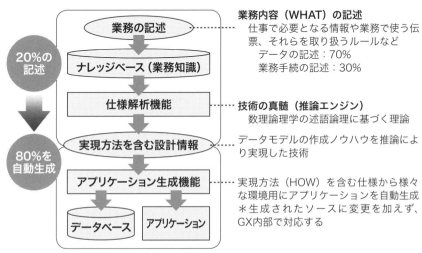

自由な組み合わせで変更可能
【Web】C#、Java
【Windows】C#、Java
【スマートデバイス】iOS、Android、Blackberry
【Webサーバー】Apache、Jboss、WebSphere、WebLogic、IIS　etc.
【DBMS】SQL Server、Oracle、DB2、Informix、PostgresSQL、MySQL、SAPHANAOB、SQLLite（2019年2月現在
＊DBは第三正規化まで行う

1-2　GeneXusで成功するための我々の心構え

近年、GeneXusは、高速開発ツールというグループに所属するようになり、どの程度、高速開発ができるのか、どれくらいのことが自動生成できるのかなど、お問合せが多くなりの内容も随分と変わってきました。
GeneXusでの開発手法は、巻末の方でご紹介いたしておりますが、弊社でも、ウォータホール型で行うことは多くありません。

我々がGeneXusという開発ツールを利用する上で大事にすべき点は、利用者のためのシステム構築であり、可能な限り早い段階で触って（操作して）もらい、「こんなはずではなかった」といわれるようなシステム作りをしないようにするということです。
　せっかくGeneXusを利用するのに、ウォータホール型が必要なシステム開発にするのであれば、あえてGeneXusを利用する必要はありません。当たり前のことをいっているように思われている方もいらっしゃると思いますが、日本ではまだまだアジャイルに抵抗を感じる方が多いようです。
　GeneXusの特性を生かしたシステム構築は、高生産、高品質なものであり、同時にメンテナンスも向上します。GeneXusでは、データの構成変更が発生した場合、その影響分析及び自動修正を行う機能があります。それは、DOAによる統合開発ツールであることが大きな強みとなっているからです。
　GeneXusで開発するということは、自動的にウォータホールからの卒業を意味し、常にエンドユーザーのニーズにあうシステム作りが可能であり、メンテナンス性もアップする。結果的にコスト削減に繋がっていきます。
　また、技術者育成においても、技術部分はジェネレータが行いますので、基本はGeneXusのお作法を学ぶことになり、技術の人材育成においても、言語教育に比べればはるかに短期間に学習でき、それ以外の時間を別のことに使うことができるようになります。
　我々が、GeneXusを利用する上での心構えとして必要なことは、これらのことを正しく理解するところから始まります。
　無論、お客様のニーズに応じたシステムにはGeneXusの特性を活かせない箇所もあります。それは例外として扱い、最低限に抑えます。可能な限りGeneXusの自動生成を活かしたシステム作りを心掛けることを忘れないようにします。それは、時にユーザーに不自由さを感じさせることもあるかもしれませんが、改修スピード、構築スピードと比較していただければ、こだわるべき操作性や機能はそう多くないように思います。
　また、GeneXusで開発するための手法を理解するうえで、今まで言語開発をしている方からすると、少々まどろっこしいところがあるかもしれません。ですが、高品質、高生産はGeneXusが持つ大きな特徴の1つですので、それに逆らう必要はありません。当然複雑な処理が必要になることもありますが、GeneXusでは、それも可能としていますのでGeneXusをうまく活用していけば、できない表現は少ないということもいえます。
　さて、そのような万能的な開発ツールのGeneXusに対応した周辺ツール類も整備されています。そしてそれらの周辺ツールを活用できるようになれば、よりGeneXusのポテンシャルが向上することでしょう。本書でも、一部分を巻末で紹介していますので、是非お読みいただきシステムの成功にお役立ていただければ幸いです。

2章 基本操作と主要オブジェクト

2-1 GeneXusの主要オブジェクトの役割

1. Transaction
ユーザビューに基づき整理したデータの項目属性(Attribute)を定義します。
自動的に3次まで正規化されたデータベースを作成します。
併せて、登録・修正・削除画面も作成され、重複チェックや排他チェックなども自動で行われます。
プロパティにより一件の検索・登録・修正・削除を行うコンポーネントや、Webサービスも作成されます。

2. Web Panel
Webシステムの開発で利用する画面です。

3. Web Component
Webシステムの開発で、Web Panelの一部を部品として呼び出して使用することができる画面です。

4. Master Page
Webシステムの開発で、呼び出したWebPanelの外側に展開される画面です。
共通的な処理や、全体的なレイアウトや外観、使用感の統一を図るために使用します。

5. Panel for Smart Devices
スマートフォンやタブレットのアプリケーションの開発で利用する画面です。

6. Procedure
追加・更新・削除処理、CSV読込・書込処理などのビジネスロジックを部品として記述します。
チェックのサブルーチンや共通関数としても使用します。
また、帳票として使用します。PDF形式等で出力することができます。
プロパティによりバッチ処理や、Webサービスとしても作成されます。

7. Structured Data Type
数個の要素から構成されたデータ構造を定義することができます。

| item(1), item(2), ……, item(n) |
| item(1), item(2), ……, item(n) |
<Collection True>

| item(1), item(2), ……, item(n) |
<Collection False>

8. Subtype Group
名称は異なるが、概念的には等しい項目の関連（リレーション）を設定することで、トランザクション間の関連を定義できます。

9. Theme
デザインを統括管理するオブジェクトです。各種コントロールへのClass属性を定義することができます。
　Webシステムの場合はCSSとして生成されるとともに、Customエリアで自由度の高い設定が可能です。

10. Language
アプリケーションを異なる言語へ翻訳するための辞書オブジェクトです。
用語毎に各言語へ変換を行うための定義を行います。

11. Data View
外部のDBテーブルをGeneXus上で使用できるようにするマッピングの役割をします。

12. Data Selector
データベースの抽出条件を共通化することができます。

13. Data Provider
任意条件によるデータ抽出および加工を行うことができます。
出力データの形式は、「txt, html, xml, json, sdt …」等の選択が可能です。
Webサービスとして独立させることもできます。

14. Diagram
Transaction間やテーブル間のリレーションを確認することができます。

15. Query
抽出条件を定義することで、表、ピボットテーブル、グラフを表示することができます。

16. External Object
外部で作成したプログラムにアクセスして使用することができます。
　Java、.NetのAPIや、DBのストアドプロシージャをExtarnal Objectを介して利用できます。

2-2 GeneXusの操作説明

1. メニューバー

GeneXusの共通操作になります。ショートカットキーもありますので、よく使う操作は覚えておくと効率が上がります。

※一部機能はアクティブ状態のオブジェクトによって使用可・不可が変化します。

1) ファイルメニュー

サブメニュー	選択時の動作
新規	
ナレッジベース	新規でナレッジベースを作成する
GeneXus Server からのナレッジベース	GeneXus Server で管理しているナレッジベースから作成する
オブジェクト	新規オブジェクトを作成する
モジュール	新規モジュールを作成する
フォルダ	新規フォルダを作成する
開く	
ナレッジベース	既存のナレッジベースをオープンする
オブジェクト	既存のオブジェクトをオープンする
閉じる	アクティブなオブジェクトのみ閉じる
ナレッジベースを閉じる	現在開いているナレッジベースを閉じる
名前を付けて保存	アクティブなオブジェクトのみ保存する
すべて保存	全てのオブジェクトを保存する
GeneXus Server にナレッジースを送信	GeneXus Server ナレッジベースを送信する
印刷	アクティブなオブジェクトを印刷する (Events など)
印刷プレビュー	アクティブなオブジェクトの印刷プレビューを表示する
最近の KB	最近使用したナレッジベースをオープンする
最近のオブジェクト	最近使用したオブジェクトをオープンする
終了	GeneXus を終了する

2) 編集メニュー

サブメニュー	選択時の動作
元に戻す	1つ前の状態に戻す
やり直し	1つ先の状態に進める (「元に戻す」の逆)

ドキュメントを閉じるを取り消す	直近で閉じたオブジェクトを開き直す
切り取り	カット
コピー	コピー
貼り付け	ペースト
削除	削除
すべて選択	現在開いている(カーソルのある) ソースを全選択する(ソースのみ有効)
検索	文字列などを検索する
置換	文字列などを置換する
行へ移動	入力した行番号へ飛ぶ
インデント	指定した行にインデント(Ｔａｂ文字) を挿入する
インデント解除	指定した行からインデント(Ｔａｂ文字) を削除する
既定を適用(XXXX)	トランザクションやパターンツールによって生成されたオブジェクト、または一部内容を初期状態に戻す
詳細設定	
大文字に変換	選択範囲の英字を大文字(全角⇔半角ではない) に変換する
小文字に変換	選択範囲の英字を小文字(全角⇔半角ではない) に変換する
選択箇所をコメントにします	選択範囲をコメント行にする
選択箇所のコメントを元に戻します	選択範囲のコメント行を解除する
すべて折り畳む	ソースの選択範囲を非表示にする(If、For、Event、Sub等の囲み範囲がある行に対してのみ有効)
すべて展開	非表示にしたソースを全て表示状態に戻す
ブックマーク	
ブックマークを設定・解除	選択範囲の先頭行にブックマークをつける(または解除する)
前のブックマーク	前のブックマークに飛ぶ
次のブックマーク	次のブックマークへ飛ぶ
ブックマークを消去	全てのブックマークを消去(解除) する

3) 表示メニュー

サブメニュー	選択時の動作
ナレッジベース情報	ナレッジベースの概要情報(構成円グラフ等) を表示する
参照	選択したオブジェクトの参照関係を表示する
履歴	選択したオブジェクトの変更履歴を一覧表示する

サブメニュー	選択時の動作
プロパティ	選択したオブジェクト（またはコントロール）のプロパティを表示する（複数コントロールのプロパティ一括変更が可能）
ドメイン	ドメインの一覧を表示する（メンテナンスも可能）
テーブル	テーブルの一覧をフォルダビューで表示する
テーマ	テーマの一覧をフォルダビューで表示する
カラー	カラーの一覧をフォルダビューで表示する
画像	ナレッジ内で使用（自動管理）している画像を一覧表示する（プレビュー表示付き）
バージョン	ナレッジベース内で管理しているバージョンを図で表示する
項目属性リスト	ナレッジベース内で管理している項目属性を一覧表示する
オブジェクトリスト	各種オブジェクトの検索一覧を表示する
その他のツールウィンドウ	それぞれのツールウィンドウを表示する カテゴリ　　　　　　　　　ヘルプ検索 項目属性　　　　　　　　　オブジェクトリスト 開始ページ　　　　　　　　ツールボックス インデックスモニター　　　プロパティ 検索　　　　　　　　　　　エラーリスト XPDLにエクスポート　　　 出力 ビジネスプロセスをデプロイ　画面構成 ファイルを作成　　　　　　KBエクスプローラー フォームのプレビュー　　　設定 Test Results Test Explorer　Stencils テーマプレビュー
全画面表示	GeneXusを全画面表示にする（再度選択で元に戻る）
開始ページ	開始ページタブを表示する
最後の影響分析	直近で行った「データベーステーブルの影響分析」の結果を再表示する
最新のナビゲーション	直近で行った「ナビゲーション（ビルド結果等）」の結果を再表示する
データベースリスト	データベースのリスト情報を表示する

4) レイアウトメニュー

サブメニュー	選択時の動作
前面へ移動	選択したオブジェクトを一番前面に移動する （レイアウトデザイン内のコントロールで有効）
背面へ移動	選択したオブジェクトを一番背面に移動する （レイアウトデザイン内のコントロールで有効）
配置	
左揃え	プロシージャのレイアウトに対する左記の調整を行う （プリントブロック内の複数の項目を選択した状態でのみ有効）
左右中央揃え	
右揃え	
上揃え	

上下中央揃え	プロシージャのレイアウトに対する左記の調整を行う (プリントブロック内の複数の項目を選択した状態でのみ有効)	
下揃え		
横中央揃え		
縦中央揃え		
画面の上下中央揃え		
グリッドに合わせて配置		
サイズ		
同じ幅	プロシージャのレイアウトに対する左記の調整を行う (プリントブロック内の複数の項目を選択した状態でのみ有効)	
同じ高さ		
同じサイズ		
サイズをグリッドに合わせる		
横の余白		
横位置の余白を同じにする	プロシージャのレイアウトに対する左記の調整を行う (プリントブロック内の複数の項目を選択した状態でのみ有効)	
横の余白を増やす		
横の余白を減らす		
横の余白を削除		
縦の余白		
縦の余白を同じにする	プロシージャのレイアウトに対する左記の調整を行う (プリントブロック内の複数の項目を選択した状態でのみ有効)	
縦の余白を増やす		
縦の余白を減らす		
縦の余白を削除する		
グリッドを表示	グリッド線の表示・非表示を切り替える	
ズーム		
ズームイン	プロシージャのレイアウトタブにて表示倍率の調整を行う	
ズームアウト		

5) 追加メニュー

サブメニュー	選択時の動作
オブジェクト	オブジェクトの選択ウィンドウを起動する
項目属性	項目属性の挿入ウィンドウを起動する
ドメイン	ドメインの挿入ウィンドウを起動する
変数	変数の挿入ウィンドウを起動する
関数	GeneXus 標準関数を挿入する
イベント	各種コントロールに対するイベントを挿入する

6) ビルドメニュー

サブメニュー	選択時の動作
すべてビルド	変更後にビルドされていないオブジェクトのみのビルド&コンパイルを行う
開発者メニューをビルド	「すべてをビルド」の後、開発者メニューのビルド&コンパイルを行う
開発者メニューを実行	開発者メニューを起動する
ビルドせずに開発者メニューを実行	ビルドを行わずに開発者メニューを起動する
イベントをビルド	イベントをビルドする
ビルド	選択したオブジェクト(MainProgram=True のみ)と、参照先オブジェクトのビルド(変更分のみ)&コンパイルを行う
リビルド	選択したオブジェクト(MainProgram=True のみ)と、参照先オブジェクトのビルド(強制)&コンパイルを行う
実行	選択したオブジェクト(MainProgram=True のみ)を、直接起動する
ビルドしないで実行	ビルドを行わずに選択したオブジェクト(MainProgram=True のみ)を、直接起動する
これだけを実行	選択したオブジェクト(MainProgram に関係なく)を、直接起動する(複数選択しても先頭のオブジェクトのみ処理)
これだけをビルド	選択したオブジェクト(MainProgram に関係なく)と、参照先オブジェクトのビルド(変更分のみ)&コンパイルを行う
開始オブジェクトとして設定	F5 キー押下時に、ビルド&コンパイル&実行を行うオブジェクトを指定する
データベーステーブルを作成	物理データベーステーブルを作成する
データベーステーブルの影響分析	データベーステーブルの変更の有無を分析する
開発者メニューをリビルド	「すべてをリビルド」の後、開発者メニューのビルド&コンパイルを行う
すべてリビルド	全てのオブジェクトのビルド&コンパイルを行う
アプリケーションをデプロイ	「アプリケーションをデプロイ」を表示する
再編成をエクスポート	直近の再編成プログラムをエクスポートする

7) ナレッジマネージャメニュー

サブメニュー	選択時の動作
エクスポート	選択したオブジェクトを xpz 形式でファイル出力する
インポート	xpz ファイルをナレッジベースに取り込む
参照モジュール	モジュール情報の参照、情報の更新を行う

サブメニュー	選択時の動作
最新のインポートログを表示	直近に行われたインポート結果を再表示する

8) ウィンドウメニュー

サブメニュー	選択時の動作
複数のドキュメントを表示	現在開いているウィンドウを重ねた形式で全て表示する
すべてのドキュメントを閉じる	現在開いているウィンドウを全て閉じる

9) ツールメニュー

サブメニュー	選択時の動作
エクステンションマネージャ	エクステンションマネージャウィンドウを表示する
データベースリバースエンジニアリング	データベースリバースエンジニアリングツールを表示する
アプリケーションの統合	
.Net アセンブリインポート	左記のインポートウィザードを表示する
SAP BAPI インポート	
Java クラスインポート	
JSON インポート	
OpenAPI インポート	
WSDL インポート	
XML スキーマインポート	
アプリケーションヘルプ	アプリケーションヘルプ作成用ウィンドウを表示する
パターンインスタンスをインポート	パターンインスタンスのインポートウィンドウを表示する
ワークフロー	
ワークフローランタイムをデプロイ	ワークフローランタイムのデプロイを行う
ビジネスプロセスをデプロイ	ビジネスプロセスのデプロイを行う
ビジネスプロセスデプロイファイルを作成	ビジネスプロセスデプロイのエクスポートウィンドウを表示する
ワークフローテーブルを作成	ワークフローテーブルを作成する

XPDLからインポート	「XPDLからのインポート」ウィンドウを表示する	
XPDLにエクスポート	「XPDLにエクスポート」ウィンドウを表示する	
GXPMプロジェクトをインポート	GXPMプロジェクトのインポートウィンドウを表示する	
オプション	GeneXusの各種オプション設定ウィンドウを表示する(KBエクスプローラーの表示、改行位置、インデント数、自動置換・・等の設定)	
詳細		
再編成済みとしてデータベースをマーク	データベースの再編成が実施済みとして認識させ、再編成を行わない	
ナレッジベースディレクトリを開く	エクスプローラーを起動してナレッジベースのディレクトリを開く	
ターゲット環境のディレクトリを開く	エクスプローラーを起動してターゲット環境のディレクトリを開く	
GeneXus Access Manager	GeneXu Access Manager (GAM) の各種コマンドを実行する	
リファクタリング		
既定を適用 (Winフォーム)	Winフォームに既定を適用するオブジェクトを選択して、まとめて実施する	
既定を適用 (Webフォーム)	Webフォームに既定を適用するオブジェクトを選択して、まとめて実施する	
トランスレーション		
トランスレーションファイルをエクスポート	ランゲージファイル (他国語設定) のエクスポートファイルを作成する	
トランスレーションファイルをインポート	ランゲージファイル (他国語設定) のエクスポートファイルを取り込む	
GeneXus Accountユーザ	GeneXus Account のユーザを切り替える	

10) Test

サブメニュー	選択時の動作
Run all tests	テストの実行
Tests explorer	Tests explorer を開く
Tests results	Tests results を開く

11) ヘルプメニュー

サブメニュー	選択時の動作
コンテンツ	オンラインヘルプを別ブラウザ起動により表示する
検索	ヘルプ検索ウィンドウを表示する

ライセンスマネージャー	ライセンスマネージャーを表示する
コミュニティーWiki トレーニング Marketplace サポート 検索リソース	各種外部サイトを別ブラウザ起動により表示する
GeneXus について	GeneXus のバージョン情報を表示する

2. KBエクスプローラーウインドウと設定ウインドウ

「KBエクスプローラーウインドウ」はナレッジベース内のオブジェクトをエクスプローラー風に表示します。

「設定ウインドウ」はナレッジベース全体の設定、システムの環境やジェネレータの設定を行います。

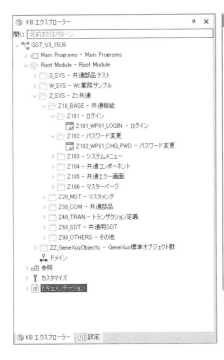 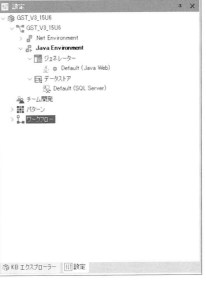

3. 各オブジェクトのタブ

オブジェクトによってそれぞれタブ(エレメント)があり、目的によってそれぞれの編集を行います。

<Transactionのタブ>
<Web Panelのタブ>
<Procedureのタブ>

各オブジェクトでのタブの種類

Transaction	Structure, Form, Rules, Events, Variables, Help, Documentation, Patterns
Web Panel	Form, Rules, Events, Conditions, Variables, Help, Documentation, Patterns
Procedure	Source, Layout, Rules, Conditions, Variables, Help, Documentation

各エレメントの役割

Structure	DBの項目を定義する
Web Form	Web開発時の画面レイアウトを作成する
Win Form	C/S開発時の画面レイアウトを作成する
Rules	オブジェクトの一般的な動作を定義する
Events	各イベントで業務的なロジックを記述する
Conditions	データを検索する条件を定義する
Variables	変数を定義する
Source	制御を記述する
Layout	帳票のレイアウトを作成する
Help	各画面に対するユーザ向けのヘルプを記述する
Documentation	各オブジェクトに対する開発者向けの注意事項を記述する
Patterns	パターンの設定を定義する

4. プロパティウインドウ

GeneXusにはナレッジベースのプロパティ、ジェネレータのプロパティ、DBMSのプロパティや、各オブジェクトのプロパティ、各オブジェクト内の項目属性のプロパティや変数のプロパティなど、様々なプロパティが存在します。

それぞれの項目で右クリック→プロパティを選択することで、各プロパティの確認・変更が可能です。

5. ツールボックスウインドウ

FormやLayoutタブでは、コントロールやユーザコントロールを表示します。

RulesやEventsタブでは、ルールやコマンドの一部を表示し、構文を挿入することが可能です。

<Web Form>

2-3 新規ナレッジベースの作成

Step 1：ナレッジベースを作成する

①「ファイルメニュー / 新規 / ナレッジベース」を選択します。

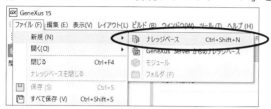

②名前・ディレクトリ・プロトタイプ環境（ジェネレート環境）・言語を設定後、詳細ボタンを押下し、ナレッジベースストレージを表示します。

※ナレッジベースはデスクトップまたはDocuments and Settings配下など、特殊な権限を持つディレクトリ配下には作成しないで下さい。アプリケーションの実行時に影響が出る可能性があります。

③ナレッジベースストレージには、ナレッジベース内の資源（オブジェクト等）を格納するデータベースへの接続情報を設定します。設定後、作成ボタンを押下します。

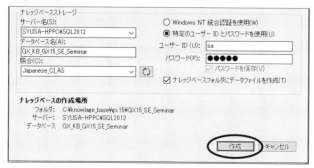

※ナレッジベースストレージはSQLServerとなります。生成されたシステムのデータを格納するデータベースとは異なることに注意ください。

Step 2：プロトタイプ環境の確認

「KBエクスプローラー / 設定 / .Net Environment」を選択し、プロパティを確認します。

Step 3：ジェネレーターの設定

「ジェネレーター / Default」を選択し、プロパティウィンドウにてCompiler Pathを設定します。

GeneXus16では、NetFramework4.0以上が必要です。

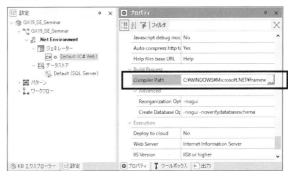

Step 4：データストアの設定

「データストア / Default」を選択し、データベースへの接続情報を設定します。

※設定するのは、生成されたシステムで使用するデータベースですのでGeneXusが対応しているデータベースから選択可能です。前頁のナレッジベースストレージとは異なりますので、ご注意ください。
※「データストア / Default」を右クリックし、「接続を編集」をクリックすると、より簡易に設定ができます。

2-4 トランザクション (Transaction) オブジェクト

Step 1：伝票トランザクションを作成する

「ファイルメニュー / 新規 / オブジェクト」を選択し、伝票トランザクションを作成します。

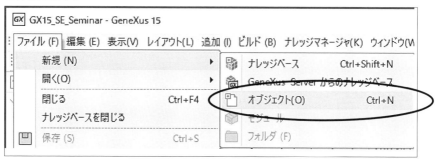

名前は「Denpyo」、デスクリプションは「伝票」と設定します。

Step 2:項目属性(Attribute)を定義する

①Structure(構造)タブで項目属性(Attribute)を定義します。

②各項目属性のDescription値をContextual Titleプロパティに設定します。
※Contextual Titleが自動で生成されるフォームの項目タイトルとして使用されます。

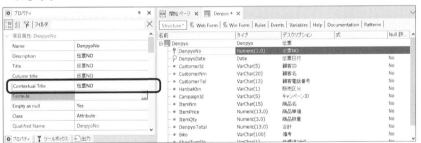

③全て設定後、保存ボタン 🖫 を押下し、保存します。

Point

- Null許容:NOT NULL制約
- タイプ(Data Type):接続しているDBMSに応じた型に変換される

Step 3：式（Formula）を定義する

他の項目属性値から計算で値を取得できる項目属性の場合、式に計算処理を定義します。

今回は、「合計」を計算式で求めます。

式は、入力したい項目属性の式フィールドをダブルクリックしてアクティブにする、または、フィールド右の参照ボタン […] を押下し「式エディタ」を表示して入力することができます。

※項目属性はメニューバーの「追加 / 項目属性」、または、「Ctrl + Shift + A」にて「項目属性を挿入」画面を表示して、選択することができます。また、式エディタなどのエディタ上では「Ctrl+Space」にて入力候補を表示することができます。どちらもタイプミスを防止する上で有益ですので、活用してください。

入力後、保存ボタン 🗔 を押下し、保存します。

Step 4：Web Formを確認する

　Web Formタブを選択します。GeneXusがStructureタブで定義した内容を元に自動生成したWeb Formが表示されます。

Step 5：実行して確認する

実行するにはビルドとコンパイルを行います。

①メニューバーの「ビルド / すべてビルド」を実行します。

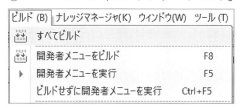

②データベーステーブル作成レポートが表示されます。「作成」ボタンを押下します。

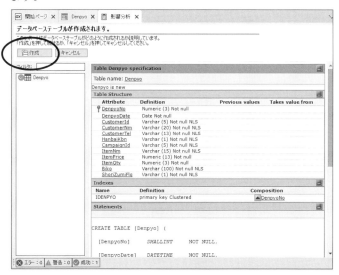

③2-3 Step4のデータストアで設定したデータベースと、Denpyoテーブルが作成されます。

④ ビルドが実行され、ナビゲーションが表示されます。

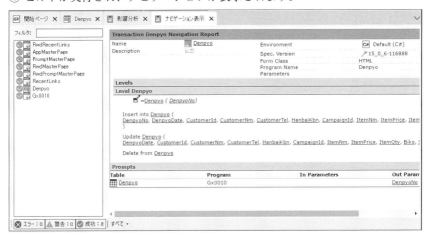

⑤コンパイルが実行され、結果が出力ウィンドウに表示されます。

⑥メニューバーの「ビルド / 開発者メニューを実行(F5)」を行います。
⑦ブラウザが起動して「DEVELOPER MENU」が表示されます。伝票を選択して動かしてみましょう。

Step 6：トランザクション構造を変更する

1伝票で複数明細形式にするため明細項目に階層を設定します。

また、「商品合計金額」と「合計」を計算式で求めるため、式（Formula）を記述します。

<設定内容>
- 明細番号（DetailNo）、商品合計金額（ItemDetailTotal）の2項目を追加する
- 明細項目を選択し「Ctrl + →」にて階層を落とす（※複数まとめて選択可能です）
- 明細番号（DetailNo）を「右クリック / 主キーを設定・解除」にて主キーに設定する
- 商品合計金額（ItemDetailTotal）、合計（DenpyoTotal）の式を設定する

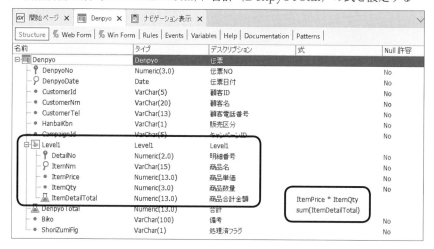

※Genexusが用意している関数（Function）は、「Ctrl + Shift + F」にて「関数の挿入」画面を表示し、選択することができます。

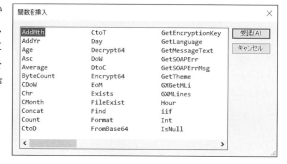

Point
- 階層（レベル）を下げる
- 主キー（プライマリーキー）の設定方法

Step 7：Web Formの変更確認

　Web Formをのデザインは、「Structure」タブの変更に合わせて変更されます。

　一度Web Formを変更した場合は変わりませんので、その場合はWeb Formを表示した状態で、メニューバーの「編集 / 既定を適用（Web Form）」を選択すると「Structure」の定義を元にしたWeb Formが再生成されます。

①メニューバーの「ビルド / すべてビルド」を実行し、データベースの再編成・ビルドを行います。

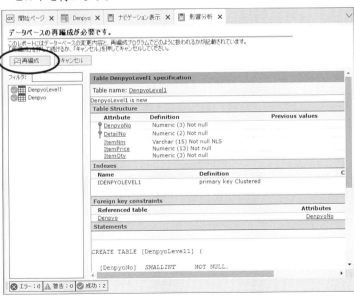

②メニューバーの「ビルド / 開発者メニューを実行(F5)」を行い、実行結果を確認します。

Step 8:Ruleを定義する

Rulesタブにはオブジェクトの動作を記述します。

伝票日付の初期値を本日の日付に設定し、顧客名を必須入力項目に設定します。

①Rulesタブを選択します。

②メニューバーの「追加 / Default」を選択し、初期値を定義するDefault Ruleの構文を入力します。

伝票日付の初期値を本日の日付にするため、「Default(DenpyoDate, Today());」と編集します。

③同じくメニューバーから「追加 / Error」を選択し、顧客名の必須エラーチェックを記述します。

④メニューバーの「ビルド / 開発者メニューを実行(F5)」を行い、実行結果を確認します。

Point

- Rule定義の行末には";"(セミコロン)が必要
- アクション後のトリガーイベント (On AfterValidate)
- Rule定義は宣言型で記述する。つまり、必ずしも記述した順序どおりに実行されるわけではない。

Step 9：エラーの種類と対処方法

GeneXusには3種類のエラーがあります。

①保存時のエラー
- GeneXusが処理できない（保存できない）エラーの場合に発生します
- 「出力」ウィンドウにエラー内容が表示され、エラーが解消されるまで保存ができません

例1：全角空白が入っている
　GeneXusはRulesやEventsに全角空白が入っている場合には処理できません。

※「Ctrl+F」で全角空白を検索し、該当箇所を削除します。

例2：Event ～ EndEvent、If ～ Endif などが正しくない場合の構文エラー

②ビルドエラー（ワーニング）
- ビルド結果が「ナビゲーション表示」と「出力」ウィンドウに表示されます
- 様々なエラー、ワーニングがありますので内容をよく確認して、必要に応じて対処してください

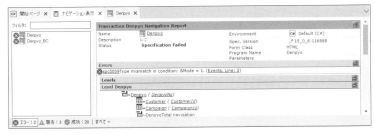

③コンパイルエラー
- GeneXusが生成したソース（*.cs、*.java）をコンパイル時、まれにエラーが発生することがあります
- エラー内容は生成する各言語によりますので、原因が推察しづらいですが、大概の場合は上記ビルドエラー／ワーニングを修正することで解消されます

2-5 テーマ (Theme) の設定

テーマはデザインを統括管理するオブジェクトです。各種コントロールへのClass属性を定義することができます。
「KBエクスプローラー / カスタマイズ / テーマ / Carmine」を選択し、テーマを表示します。

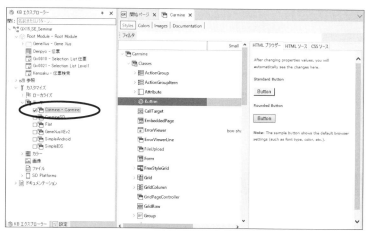

Step 1：テーマのクラス（Class）を修正する
①伝票画面のタイトルの色とサイズを変更してみましょう。

伝票トランザクションのWebFormタブで、タイトルのClassプロパティに設定されている内容を確認します。

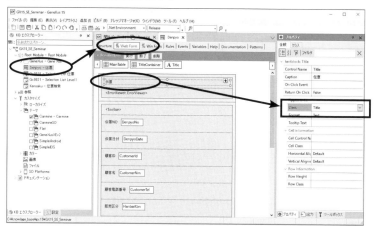

②テーマオブジェクトの「TextBlock/Title」のプロパティを開いて、FontSide とForecolorを修正します。

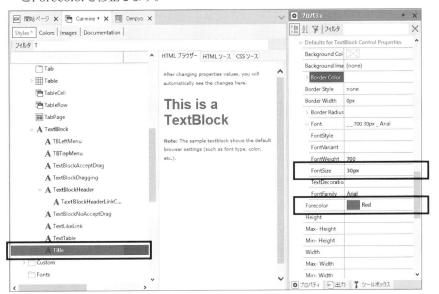

③「ビルド / 開発者メニューを実行(F5)」を行い、画面を確認します。

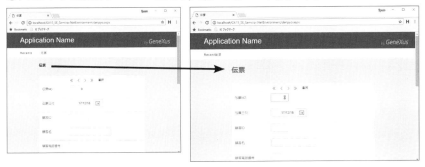

Step 2：グリッドのデザインを修正する

①伝票トランザクションの選択プロンプトのグリッドを変更してみましょう。
このグリッドのClassは「PromptGrid」が指定されています。

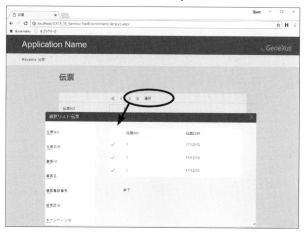

②テーマオブジェクトの「Grid / Workwith / PromptGrid」を選択します。

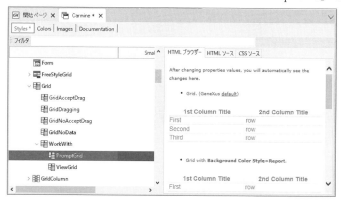

このように「Workwith」Class配下にPromptGridが作成されている場合は、親（Workwith）Classの設定を引き継いだ上で、PromptGridの設定が適用されます。ですので、Workwithのプロパティを変更した場合は、その配下のClassもプロパティが適用される形となります。

今回は「WorkWith」Class側のプロパティを変更してみましょう。

③グリッドのプロパティで偶数行と奇数行の背景色を変更します。
「Workwith」のプロパティから、[Background Color Style][Lines back color][Lines back color even]を設定します。

④テーマを保存して、「ビルド / 開発者メニューを実行(F5)」を行い、画面を確認します。

Step 3：補足説明

①Classは新規作成することができます。

②Webシステム用のテーマにはCustomエリアがあり、こちらはCSSのイメージで自由度の高い設定を行うことができます。

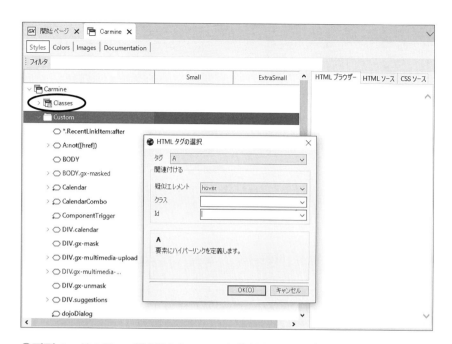

③画面で、どのClassが適用されているか確認するにはブラウザの「開発者ツール（IE・Edge）」又は「デベロッパーツール（Chrome）」を利用してください。

2-6 ウェブパネル (Web Panel) オブジェクト

Step 1：ウェブパネル（Web Panel）オブジェクトを新規作成する

メニューバーの「ファイル / 新規 / オブジェクト」を選択し、伝票検索ウェブパネルを作成します。

タイプより「Web Panel」を選択し、名前は「Kensaku」、ディスクリプションは「伝票検索」と入力し、作成ボタンを押下すると伝票検索ウェブパネルが作成されます。

Step 2：グリッド（Grid）を設定する

ウェブパネルにグリッドを設定し、伝票テーブルのデータを一覧表示します。
①Web Formタブを表示し、ツールボックスから ▦ （グリッド）をドラッグ＆ドロップして、グリッドを挿入します。

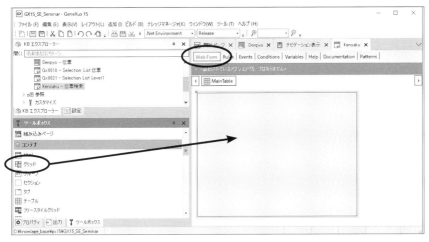

②「項目属性／変数を挿入」画面が表示されるので、グリッドに設定する項目属性を選択します。

今回は項目属性の「伝票No」「伝票日付」「顧客名」「合計」を選択し、「OK」を押下します。

※ Shiftキー／Ctrlキーを押しながらで複数選択が可能です。

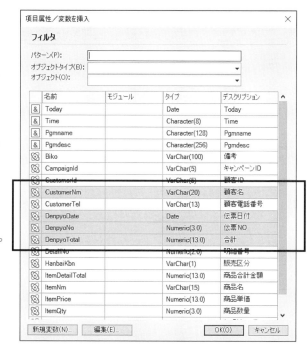

③Gridの項目をドラッグ＆ドロップして、表示位置を設定します。左から伝票NO・伝票日付・顧客名・合計の順に表示位置を調整してください。

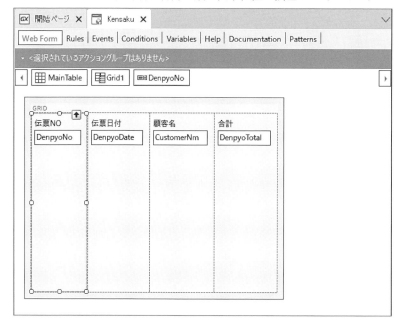

④Web Formの上部に現在選択されているコントロールと、そのコントロールの上位のコントロールが表示されます。
こちらをクリックすることでも、プロパティの表示ができますので、選択しづらい位置のコントロールなどはこのエリアの項目を活用ください。

⑤グリッドのスタイル（見た目）を設定します。
グリッドのプロパティを表示して、「Appearance / Class」を「Workwith」に設定します。

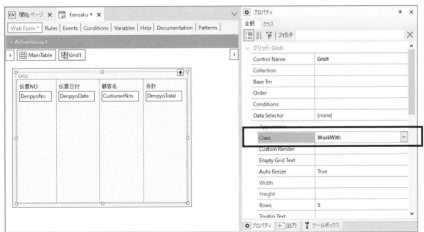

⑥保存後、「ビルド / 開発者メニューを実行(F5)」を行い、動作を確認します。

Step 3：検索項目を設定する

伝票検索画面に検索項目を追加して、グリッドの検索処理を作成します。

①検索条件の入力項目用変数（Variable）を作成するため、「Variables」タブを選択します。

②メニューバーの「追加 / 項目属性」、又は「Ctrl + Shift + A」にて項目属性一覧を表示し、「伝票日付」と「顧客名」を選択して「OK」すると、項目属性と同名/同タイプの変数がVariablesに追加されます。

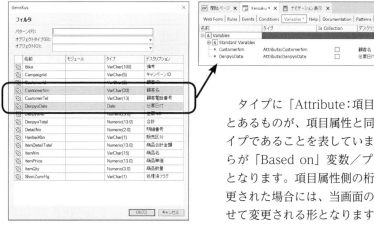

タイプに「Attribute:項目属性名」とあるものが、項目属性と同名/同タイプであることを表しています。これらが「Based on」変数/プロパティとなります。項目属性側の桁数等が変更された場合には、当画面の変数も併せて変更される形となります。

③項目属性と同名のままの変数ですと用途が分かりにくいため、「画面表示用の変数である」と判断できるよう変数名の先頭に「D_」を付加します。（命名規約については 5 章．開発命名規約例にて解説します。）

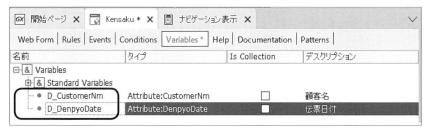

④Web Formタブにて、メニューバーの「追加 / 変数」、又は「Ctrl + Shift + V」、又は右クリックからの「項目属性/変数を挿入」にて「変数の挿入」ウィンドウを表示し、③で作成したVariable変数を追加します。
その後、ドラッグ＆ドロップにて配置を上から伝票日付・顧客名・グリッドの順番に入れ替えます。

Step 4：検索条件を設定する

検索条件を追加して、グリッドの検索処理を作成します。
検索条件はグリッドのConditionsプロパティに記述します。

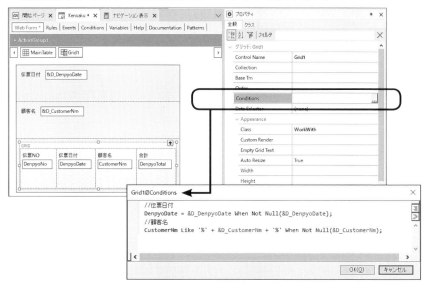

①画面の伝票日付が入力されている場合に、伝票日付が一致するデータを表示するには以下のように記述します。

```
//伝票日付
DenpyoDate = &D_DenpyoDate When Not Null(&D_DenpyoDate);
```
DBの伝票日付　　　画面の伝票日付　　　　　画面の伝票日付がNull以外のとき

②画面の顧客名を曖昧検索し、該当するデータを表示するには以下のように記述します。

```
//顧客名
CustomerNm Like '%' + &D_CustomerNm + '%' When Not Null(&D_CustomerNm);
```
DBの顧客名　　　　画面の顧客名　　　　　　画面の顧客名がNull以外のとき

③保存後、「ビルド / 開発者メニューを実行(F5)」を行い、実行して動作を確認します。

Point

- コメントアウトのショートカットキー
    - コメントアウト：Ctrl + Q
    - コメントアウト解除：Ctrl + Shift + Q

Step 5：検索ボタンの配置

現在の画面動作は、検索条件を入力したタイミングでグリッドの絞り込みが行われています。これは伝票検索ウェブパネルのプロパティの「Automatic Refresh」がYesになっているためです。検索に時間がかかる場合や、複数の条件を入力した上で検索したい画面の場合は検索ボタンをつける形がよいでしょう。

①伝票検索ウェブパネルのプロパティから「Automatic Refresh」をNoに設定する

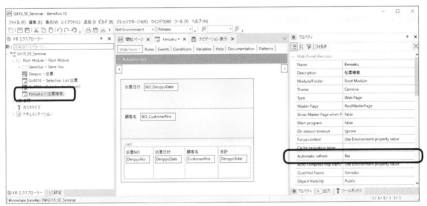

②Web Formタブにて、ツールボックスから ◉ ボタンをドラッグ＆ドロップして、顧客名の下に配置します。
その際に「ユーザイベントを選択/定義」ウィンドウが表示されますので、「Refresh」を選択します。

③保存後、「ビルド / 開発者メニューを実行(F5)」を行い、実行して動作を確認します。

Step 6：自動ページング

グリッドのRowsプロパティを1以上に設定した場合、自動でページング処理が設定されます。

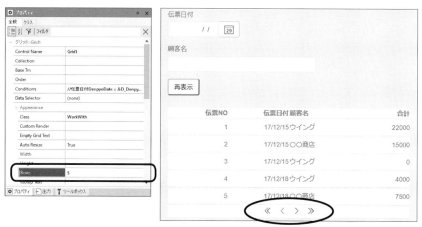

※データが1ページ内に表示可能なレコード件数の場合、ページングボタンは表示されません。

Step 7：列の自動並び替え

グリッドには、列の並び替え機能があります。

実行した画面で、列をクリックすると選択した列の昇順／降順にて並び替えを行うことができます。

※並び替えは表示中のページ内のみで行われます。抽出結果全体の並び替えではありません。

2章. 基本操作と主要オブジェクト

Step 8：データ抽出件数

Refreshイベントに1行記述するだけで、データ抽出件数を取得することができます。

①Variableタブを表示して、データ抽出件数を格納する変数（Variable）を新規追加します。
※項目属性に存在しない変数ですので、タイプもデスクリプションも自身で設定します。

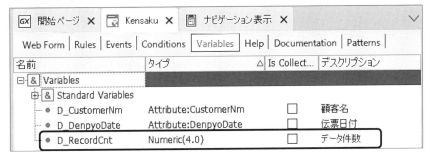

②WebFormタブを表示して、作成したVariable変数（データ件数）を下記のように追加します。さらに、プロパティを表示して、入力不可となるようプロパティを変更します。

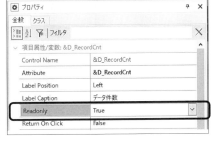

③Eventsタブを表示して、Refreshイベントにデータ抽出件数取得の処理を下記のように記述します。

※Eventsタブに既定のEventを追加する場合は、左上のコンボボックスから選択すると簡単です。

55

Step 9：並び順（Order）

グリッドに対する並び順を設定するには、グリッドのOrderプロパティに項目属性を設定します。
※降順で表示する場合は、項目属性を括弧で囲みます。
※複数の項目属性を設定する場合は、カンマで区切り並べます。

  伝票日付の昇順   伝票日付の降順、伝票Noの昇順

Step 10：他画面への遷移を追加する

追加ボタンを配置して、伝票トランザクションへの遷移を設定します。

①WebFormタブを表示して、ツールボックスから ボタンをドラッグ＆ドロップ。再表示ボタンの隣に配置します。
②「ユーザイベントを選択/定義」ではユーザ定義イベントになるので"Insert"と入力してOKを押下します。

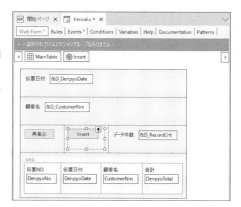

③Insertボタンのプロパティを表示して、Captionに"新規登録"と設定します。
④Insertボタンをダブルクリック、または右クリックで「イベントへ移動」をすると、Eventsタブに移動したうえで、"Insert"イベントが追加されます。

⑤伝票トランザクションへの遷移を記述します。

```
5  Event 'Insert'
6
7       //伝票トランザクションへ
8       Denpyo.Call()
9
10  Endevent
```

⑥保存後、「ビルド / 開発者メニューを実行(F5)」を行い、実行して動作を確認します。

2-7 プロシージャ（Procedure）オブジェクト

プロシージャオブジェクトは追加・更新・削除処理などのビジネスロジックを部品として作成するものです。
今回は伝票検索ウェブパネルをカスタマイズして、検索条件に当てはまるデータのフラグを更新する処理を加えます。

Step 1：プロシージャ（Procedure）オブジェクトを作成する

①メニューバーの「ファイル / 新規 / オブジェクト」を選択し、処理済フラグの更新プロシージャを作成します。
タイプより「Procedure」を選択し、名前は「Flg_Update」、デスクリプションは「処理済フラグ更新」と入力し、作成ボタンを押下します。

②伝票検索画面で入力された検索条件をパラメータとして受け取るため、伝票日付と同じタイプの「P_DenpyoDate」と、顧客名と同じタイプの「P_CustomerNm」の2つの変数を作成します。
※変数は伝票検索ウェブパネルのVariablesタブからコピー＆ペーストすることもできます。その場合はコピー後に名称を変更してください。

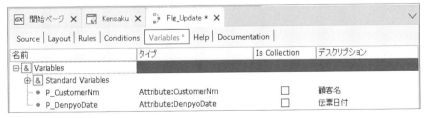

③Rulesタブを表示して、受け取りパラメータの定義を記述します。

④Sourceタブを表示して、処理済フラグの更新処理を記述します。

For Eachコマンドを使用して検索条件に該当するデータを取得し、抽出したデータの処理済フラグを更新します。

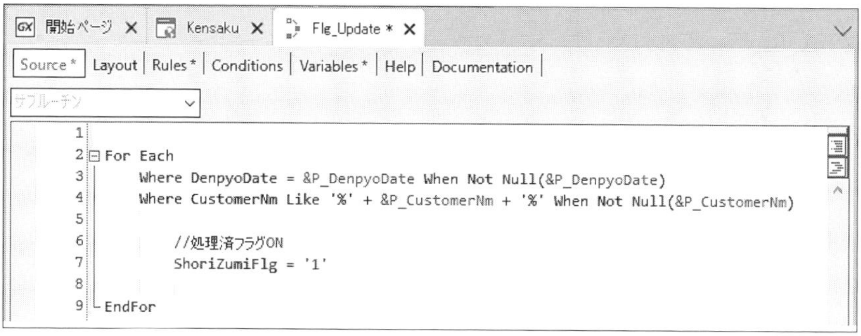

```
1
2  For Each
3      Where DenpyoDate = &P_DenpyoDate When Not Null(&P_DenpyoDate)
4      Where CustomerNm Like '%' + &P_CustomerNm + '%' When Not Null(&P_CustomerNm)
5
6          //処理済フラグON
7          ShoriZumiFlg = '1'
8
9  EndFor
```

⑤処理済フラグの更新プロシージャはこれで完成です。続いては伝票検索ウェブパネルを修正します。

Point

- パラメータ定義（in,out,inout）
- 追加、削除の方法（NEW,DELETEコマンド）
- Commit on exitプロパティ
- 更新処理はビジネスコンポーネントを使用して行うことも可能（後の章にて解説します）

Step 2：プロシージャ（Procedure）を呼び出す処理を追加する

①伝票検索ウェブパネル（Kensaku）に、作成したプロシージャを呼び出す「プロシージャ実行」ボタンを追加します。
- WebFormタブを表示して、ツールボックスからボタンをドラッグ＆ドロップします。
- イベント名はユーザ定義イベントなので「btn_proc」と設定します。

②ボタンのプロパティからCaptionを"プロシージャ実行"に変更します。

③処理済フラグの更新結果を確認するため、グリッドの列に処理済フラグを追加します。
- グリッドを選択して右クリック、「項目属性／変数を挿入」を選択して、挿入プロンプトを表示します。
- 「処理済みフラグ」を選択してグリッドに項目を追加します。
- 併せて並び順も修正してください。

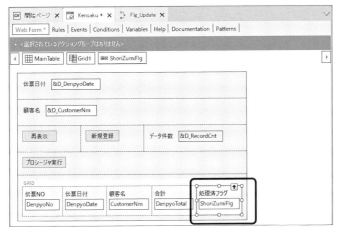

④「プロシージャ実行」ボタンの「右クリック / イベントへ移動」にてEventタブにイベントの構文を表示させ、プロシージャを呼び出す処理を下記のように記述します。

⑤保存後、「ビルド / 開発者メニューを実行(F5)」を行い、実行して動作を確認します。

※現在の画面動作ではプロシージャ実行ボタンでイベント内の処理のみ行われるため、グリッドの処理済みフラグは変わらず、再表示ボタンを押下することで、最新状態が表示されます。こちらをプロシージャ実行後に画面の再表示も行う場合は、以下のように記述してください。

```
10 □ Event 'btn_proc'
11     //処理済フラグ更新処理の呼び出し
12     Flg_Update.Call(&D_DenpyoDate,&D_CustomerNm)
13     Refresh
14 └ Endevent
15
```

2-8 レポート出力

GeneXusではPDF形式のレポートを作成することもできます。
レポートはプロシージャオブジェクトを使用して作成します。

Step 1：プロシージャ（Procedure）オブジェクトを作成する

①メニューバーの「ファイル / 新規 / オブジェクト」を選択し、伝票一覧プロシージャを作成します。タイプより「Procedure」を選択し、名前は「DenpyoList」、デスクリプションは「伝票一覧」と入力し、作成ボタンを押下します。

②Layoutタブを表示して、帳票レイアウトを定義していきます。
PrintBlockを選択してプロパティを表示し、NameをprintBlock1から「Title」に変更します。

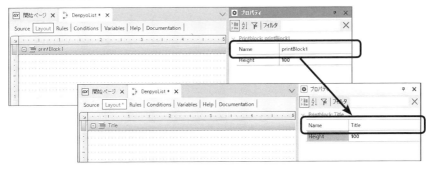

③「Title」Print Block にツールボックスから A テキストブロック と ─ 線 をドラッグ＆ドロップして、帳票タイトルと一覧の項目見出しを配置して下線を引きます。
帳票タイトルはプロパティでフォントを大きめに設定しましょう。

④デフォルトの変数としてシステム日付や時刻がありますので、メニューバーの「追加／変数」から変数の挿入画面を表示して、「Today」と「Time」を選択して、「Title」Print Blockに配置します。
※ 変数の挿入画面は、「Ctrl + Shift + V」でも表示されます。

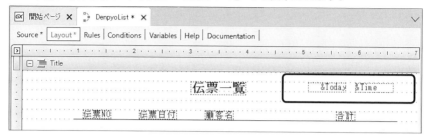

⑤明細部を作成するために、右クリックして「プリントブロックを挿入」を行い、Print Blockを追加します。
追加したPrint BlockのNameを「Body」に設定します。

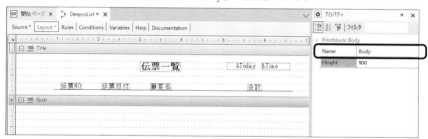

⑥「Body」Print Blockに項目属性を配置します。メニューバーの「追加／項目属性」から「項目属性を挿入」画面を表示して、「伝票NO、伝票日付、顧客名、合計」を選択します。また、下線も配置しましょう。
※「項目属性を挿入」画面は、「Ctrl + Shift + A」でも表示されます。

帳票レイアウトはこれで完了となります。

⑦Variablesタブを表示して、伝票検索画面から受け取るパラメータ項目用の変数を作成します。
「処理済フラグ更新」プロシージャ（Flg_Update）と同じ変数ですので、コピー＆ペーストで作成します。

⑧Rulesタブを表示して、受け取りパラメータの定義と、帳票固有の出力ファイル設定を定義します。
　　※Output_fileルールはPDF名と、レポート形式（PDF、GXR、TXT）を表します。

```
1
2  Parm(in:&P_DenpyoDate, in:&P_CustomerNm);
3
4  Output_file('DenpyoList.pdf', 'PDF');
5
```

⑨Sourceタブを表示して、出力処理を記述します。

```
 1  Header
 2      //タイトル出力
 3      Print Title
 4  End
 5
 6  For Each
 7      Where DenpyoDate = &P_DenpyoDate When Not Null(&P_DenpyoDate)
 8      Where CustomerNm Like '%' + &P_CustomerNm + '%' When Not Null(&P_CustomerNm)
 9
10      //明細出力
11      Print Body
12
13  EndFor
14
```

⑩DenpyoListオブジェクトのプロパティからMain programとCall protocolを設定します。

「伝票一覧」プロシージャは完成しましたので、次に伝票検索画面をカスタマイズして印刷ボタンを用意します。

Step 2：レポートの呼び出し

①伝票検索ウェブパネル（Kensaku）に、作成したプロシージャを呼び出す「PDF印刷」ボタンを追加します。ボタンのプロパティは下記のように設定します。

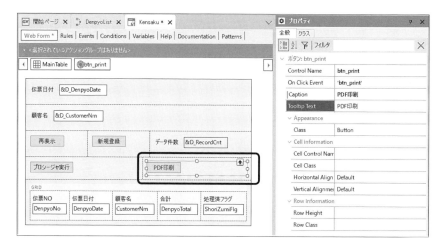

②「PDF印刷」ボタンを右クリックして「イベントへ移動」にてEventタブにイベントの構文を表示し、「伝票一覧」プロシージャを呼び出す処理を下記のように記述します。

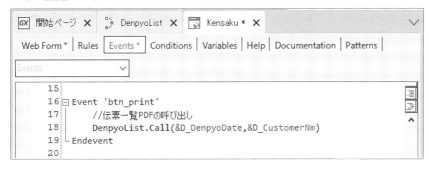

③保存後、「ビルド / 開発者メニューを実行(F5)」を行い、実行して動作を確認します。

Point

- 改ページ：Ejectコマンド
- Footerコマンド

3章 トランザクション設計

3-1 トランザクションの考え方

　GeneXusは、"システムを構築する際には、トランザクションオブジェクトへ「ユーザビュー」を定義することでGeneXusがデータモデルを推論して、業務システムを生成します。"という思想がベースになっています。

　この「ユーザビュー」とは、ユーザが目で見ている実際の業務であり、それらの表現を「外部モデル」としております。例として、「伝票を管理するシステムを作りたい」という場合は、目の前に存在する「紙の伝票」がユーザビューとなります。紙の伝票に記載されている項目を定義することで、伝票を表すDBテーブルや伝票を入力／検索する機能が生成され、システムとして伝票を管理することができる形となります。こちらの詳細についてはGeneXus Japan社のHPにドキュメントが掲載されておりますので、一読していただくとよりGeneXusの理解に役立つと思います。

　ジェネクサス・ジャパン社ホームページ　「ダウンロード／資料」
　https://www.genexus.com/ja-JP/japan/downloads/documents
　・「業務知識に基づくシステム開発 (KNOWLEDGE-BASED DEVELOPMENT)」

　基本的な考え方を踏まえたうえで、開発者が考慮する必要があるのはGeneXusが推論するための情報を正しく提供することになります。そのために必要なものが「トランザクション定義」と「項目属性の命名」、「トランザクション同士の関連の定義」になります。

3-1-1. トランザクション定義

トランザクションオブジェクトはデータの「単位・かたまり」を表し、キー項目と従属項目で構成されます。ビルドを行うと、GeneXusが解析し、最適化された物理のDBテーブルが生成されます。また、トランザクション内で階層を定義することもでき、親データに対して子の位置づけとなるデータは、階層を落として定義することで、親子関係を持つデータを表すことができます。

定義のポイントとしては、そのデータがどの単位で生成され、システム内で一意（ユニーク）となるかを判断して、キー項目を定義することです。

GeneXusはナレッジベース内のトランザクションオブジェクトを全て解析したうえで、物理のDBテーブル構造を導き出します。そのため、トランザクションオブジェクトを複数定義しても複数のDBテーブルが作られるとは限りません。

例1：＜トランザクション定義＞　　　　　　　　　　＜DBテーブル＞

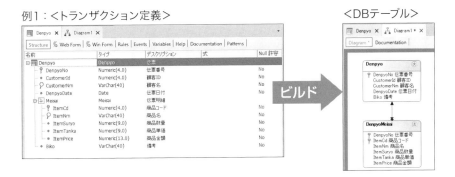

例2：＜トランザクション定義＞　　　　　　　　　　＜DBテーブル＞

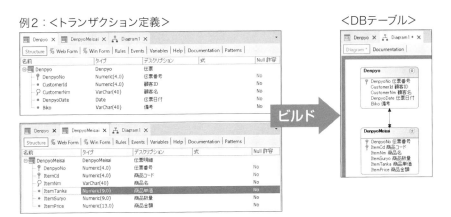

例3:＜トランザクション定義＞　　　　　　　　＜DBテーブル＞

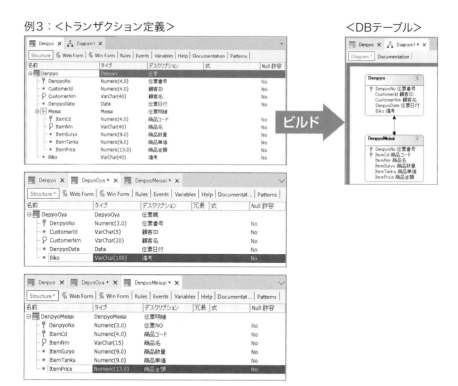

　例1～3の結果を見て頂くと、GeneXusがナレッジベース内のすべてのトランザクションオブジェクトを解析して、DBテーブル構造を導き出していることが分かります。

　また、もう1つの例として同じキー項目で、異なる従属項目を持つトランザクションを定義した場合も確認してください。
　この場合は「同一のキー項目のため、1つのDBテーブルでよい」とGeneXusが判断した形となります。

例4:＜トランザクション定義＞　　　　　　　　＜DBテーブル＞

3-1-2. 項目属性の命名

　項目属性とはデータ項目を表します。GeneXusでは項目属性も1つのオブジェクトとして定義されますので、ナレッジベース内で一意の命名が必要になります。そしてGeneXusがトランザクションを解析する際に項目属性の「名前」から判断しますので、項目の名前の付け方が非常に重要になります。
　・あるトランザクションの従属項目として定義した場合は、そのままDBテーブルの項目として生成されます。
　・あるトランザクションのキー項目として定義した場合に、さらに他のトランザクションで同じ名前の項目属性を定義した場合は、トランザクション同士の関連（外部キー）として判断されます。

　定義のポイントとしては「その項目の意味を考える」ことになります。例えば、伝票の金額として「伝票金額」と命名しました。さらに業務に売掛・買掛・振替といった伝票の種類がある場合では、「伝票金額」という名前は意味として正しいかどうかを検討してみてください。

〈 伝票トランザクション 〉

- 伝票NO
- 伝票区分（売掛、買掛、振替）
- **伝票金額**

このような定義であれば、正しく意味が設定されていると考えられます。

〈 売掛伝票トランザクション 〉　〈 買掛伝票トランザクション 〉　〈 振替伝票トランザクション 〉

- 売掛伝票NO
- **売掛伝票金額**

- 買掛伝票NO
- **買掛伝票金額**

- 振替伝票NO
- **振替伝票金額**

　このように各伝票が分かれる形であれば、各金額にそれぞれの名前を付ける形が正しい形となります。

　もう1点、項目属性は1つのオブジェクトとして定義される形となりますので、各プロパティ（桁数など）を変更した場合は、すべてのトランザクション上の項目属性に対して変更が適用される形となります。

3-1-3. トランザクション同士の関連の定義

トランザクション同士の関連を定義するには2つの方法があります。1つは項目属性を「同名」で定義することです。以下のような定義を行った場合、伝票トランザクションの"顧客ID"と顧客トランザクションの"顧客ID"が同名なので、GeneXusは「伝票と顧客」を「トランとマスタ」の関連（N：1）として判断します。

<トランザクション定義>　　　　　　　　　　　　<関連図>

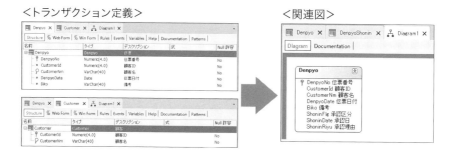

関連を定義する2つ目の方法は「サブタイプグループ」オブジェクトを定義することです。例えば1つのトランザクションから、同じマスタへ2種類の関連がある場合などは同名では定義できません。さらに特殊な関連を定義したい場合も「サブタイプグループ」オブジェクトの定義が必要となります。

<トランザクション定義>　　　　　　　　　　　　<関連図>

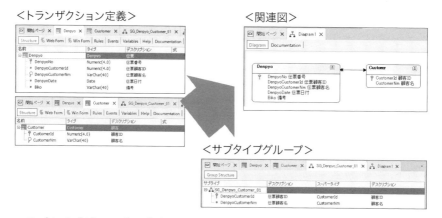

<サブタイプグループ>

サブタイプグループオブジェクトでは"サブタイプ"項目に対して、"スーパータイプ"項目を指定します。考え方としては「伝票の"伝票顧客ID・伝票顧客名"は、実は顧客の"顧客ID・顧客名"のこと」とイメージするのが分かり易いかと思います。

また、1つの関連に対して、サブタイプグループオブジェクト1を定義します。まとめての定義はできませんのでご注意ください。

3-2 ベーステーブル&拡張テーブル

GeneXusではベーステーブルと拡張テーブルという概念があります。

ベーステーブルとはDBアクセスの基本となるテーブルを意味しています。拡張テーブルとはデータの拡張を意味しており、ベーステーブルのレコード1件に対して、それに紐づく関連テーブルにて1件のレコードのみが該当するデータのことを拡張データと呼び、その関連テーブルを拡張テーブルと呼びます。

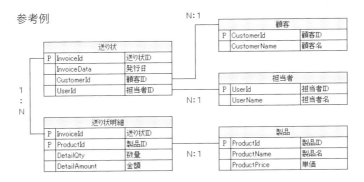

上記のER図の場合を例として解説いたします。

ベーステーブルを「顧客」と考えた場合、顧客データ1件に対して1件に特定できる関連テーブルは存在しないため、拡張テーブルは存在しません。次にベーステーブルを「送り状」と考えた場合、送り状データ1件に対して、顧客データが1件に特定できます。同じく、担当者データも1件に特定できますので、ベーステーブル「送り状」に対する拡張テーブルは顧客テーブルと担当者テーブルとなります。

では、「送り状明細」をベーステーブルとした場合の拡張テーブルはどうなるでしょうか。

この場合は、送り状テーブル／製品テーブルだけではなく、顧客テーブル／担当者テーブルも拡張テーブルとなります。このように拡張テーブルとは、ベーステーブルと関連があり、さらに、紐づくレコードが1件に特定できるテーブルを示します。

グリッドの列やFor Each文にてトランザクションの項目属性を指定しますが、1回のDBアクセスで指定可能な項目属性の範囲が、この「拡張テーブル」に含まれる項目属性の範囲です。逆に、ベーステーブルと拡張テーブルの範囲を超えて項目属性を指定した場合は、ビルド時に"No Relationship Foundエラー"（関連無しエラー）となります。その場合は、For Eachコマンドを追記してアクセス方法（検索条件・取得項目など）を別途定義する必要があります。

3-3 トランザクション同士の関連の有無による動作の違い

　トランザクション同士の関連がある場合と、ない場合ではGeneXusへの定義の記述量や操作レスポンス、システムの保守メンテナンス性が大きく変わってきます。GeneXusでは業務・システムを踏まえたデータの関連付けが非常に重要なポイントになりますので、関連の有無による動作・定義方法の違いを確認しておきましょう。

マスタとトランの関係を持つデータの場合

＜伝票と顧客が関連なしの場合のトランザクション＞
　・伝票の顧客コードと顧客の顧客コードを"別名"で定義

伝票 (D1)	
伝票NO	D1_DenpyoNo
伝票日付	D1_DenpyoDate
顧客コード	D1_CustomerCd
支払種別	D1_ShiharaiKb
合計金額	D1_TotalKin

顧客 (C1)	
顧客コード	C1_CustomerCd
顧客名	C1_CustomerNm
顧客Tel	C1_CustomerTel

＜伝票と顧客が関連ありの場合のトランザクション＞
　・伝票の顧客コードと顧客の顧客コードを"同名"で定義

伝票 (D2)	
伝票NO	D2_DenpyoNo
伝票日付	D2_DenpyoDate
顧客コード	C2_CustomerCd
支払種別	D2_ShiharaiKb
合計金額	D2_TotalKin

顧客 (C2)	
顧客コード	C2_CustomerCd
顧客名	C2_CustomerNm
顧客Tel	C2_CustomerTel

3-3-1. 動作の違いその1

ウェブパネル（WebPanel）で一覧画面を作ってみます。グリッド（Grid1）に下記の項目を指定します。

- 伝票：伝票NO
- 伝票：伝票日付
- 顧客：顧客名
- 伝票：合計金額

"関連あり"の場合は、グリッドに表示したい4項目を設定するだけで伝票データとそれに紐づく顧客データの顧客名が表示されます。

＜グリッド定義＞

伝票 NO	D2_DenpyoNo
伝票日付	D2_DenpyoDate
顧客名	C2_CustomerNm
合計金額	D2_TotalKin

この場合、GeneXusが生成するSQL文も伝票テーブルと顧客テーブルをJoin（結合）した形で生成されます。

関連なしの場合、グリッドに表示したい4項目を設定する方法ですとビルド時に下記のエラーが表示されます。これは、伝票（D2）の各項目に対して、"C2_CustomerNm"は関連がない（No relationship）と分析結果になります。

```
Errors
  spc0027 No relationship found among attributes in grid 'Grid1'. Attributes: D1_DenpyoNo,
          D1_DenpyoDate, D1_TotalKin are incompatible with: C1_CustomerNm.
```

では、この場合どのような対応方法が有るでしょうか。

対応①：伝票がベーステーブルとなるため、拡張テーブル内に含まれていない顧客名は"変数"で定義し、Loadイベントにて顧客名を検索して編集する。

＜グリッド定義＞

伝票 NO	D2_DenpyoNo
伝票日付	D2_DenpyoDate
顧客名	&WK_ C1_CustomerNm
合計金額	D2_TotalKin

＜Events定義＞

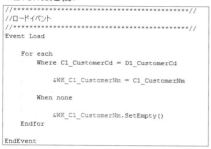

```
//*******************************************//
//ロードイベント
//*******************************************//
Event Load

    For each
        Where C1_CustomerCd = D1_CustomerCd

            &WK_C1_CustomerNm = C1_CustomerNm

        When none

            &WK_C1_CustomerNm.SetEmpty()
    Endfor

EndEvent
```

上記の定義によりエラーが除去され、顧客名を表示することができます。

ただし、この場合の問題点として、下記の点があげられます。
- 記述量が多い
- 伝票データの該当件数分、顧客テーブルを検索することとなり、レスポンスが悪化する

対応②：式（Formula）を使用して顧客名を取得する。

上記のようにトランザクションを定義した場合、グリッドに4項目を選択するだけで顧客名も正しく表示できます。また生成されるSQL文もJoinが行われ、関連を持たせた場合と同じように扱うことができます。

ただし、この場合の問題点としては下記の点があげられます。
- 画面や機能で使用したい項目があるたびに式（Formula）の設定が必要となる
- GeneXusとしては関連と認識されないので、データモデルとして関連があることが正しい場合は適さない

その他の対応として、ダイナミックトランザクション（※Data Providerオブジェクト使用）を利用して、DB上にViewオブジェクトを作成させる方法もあります。この場合も式（Formula）と同様に関連とは認識されません。

3-3-2. 動作の違いその2

続いて一覧画面の検索条件として顧客トランザクションの顧客名のLike条件を追加してみましょう。

"関連あり"の場合、グリッドの「Conditions」にLike条件を記述することで、伝票データとそれに紐づく顧客データの顧客名を条件にデータが抽出されます。

```
C2_CustomerNm .Like. '%' + &WK_C2_CustomerNm + '%' When Not Null(&WK_C2_CustomerNm);
```

"関連なし"の場合は、
「その1」と同様で、「Conditions」にLike条件を記述しても「No relationship エラー」になります。

対応①：

本来はベーステーブルが伝票になりますが、一覧に表示するかどうかの条件が顧客ですので、ベーステーブルを判断することができません。そのため、Loadイベントにて絞り込み条件を記述し、グリッドに表示（Load）を行うかどうかを伝票データ一件ごとに判断する必要があります。

1) グリッド項目を全て変数に置き換えます。
<グリッド定義>

伝票NO	&WK_GRD_D1_DenpyoNo
伝票日付	&WK_GRD_D1_DenpyoDate
顧客名	&WK_GRD_C1_CustomerNm
合計金額	&WK_GRD_D1_TotalKin

2) EventsタブのLoadイベントにてグリッドの編集処理を記述します。

```
1  //*****************************************//
2  //ロードイベント
3  //*****************************************//
4  Event Load
5
6      For each
7          //項目編集
8          &WK_GRD_D1_DenpyoNo    = D1_DenpyoNo
9          &WK_GRD_D1_DenpyoDate  = D1_DenpyoDate
10         &WK_GRD_D1_TotalKin    = D1_TotalKin
11
12         For each
13             Where C1_CustomerCd = D1_CustomerCd
14             Where C1_CustomerNm .Like. '%' + &WK_C1_CustomerNm + '%' When Not Null(&WK_C1_CustomerNm)
15                 //項目編集
16                 &WK_GRD_C1_CustomerNm = C1_CustomerNm
17                 //Load
18                 Load
19             When none
20                 //出力対象外
21         Endfor
22     Endfor
23  EndEvent
```

この方法にて、顧客名を条件としたデータの抽出が行えるようになります。

ただし、この場合の問題点として、下記の点があげられます。
- 記述量が多い
- 伝票データの該当件数分、顧客テーブルを検索することとなりレスポンスが悪化する

※上記のようにベーステーブルが無いグリッドはSDTを画面に貼り付ける方法もあります。(後記参照)

対応②：

　式（Formula）を使用した場合は、関連ありの場合と同様にConditionsにLike条件を記述することで、伝票データとそれに紐づく顧客データの顧客名を条件にデータが抽出されます。

```
D3_CustomerNm .Like. '%' + &WK_C1_CustomerNm + '%' When Not Null(&WK_C1_CustomerNm);
```

　ただし、式（Formula）にてFind関数を使用した場合、Joinの形となるため、Conditions・Orderに使用することが可能です。Find関数以外の関数や代入の場合は、取得結果に対しての編集処理となるため、Conditions・Orderに使用することはできません。

3-3-3. 同名による関連付け

顧客トランザクションを新規作成して伝票トランザクションと同名の顧客ID・顧客名・顧客電話番号を定義してみましょう。

①メニューバーの「ファイル / 新規 / オブジェクト」を選択し、タイプより「Transaction」を選択し、名前は「Customer」、デスクリプションは「顧客」と入力し、作成ボタンを押下します。

②伝票トランザクションの項目と同名になるように項目を定義します。

③保存後、「ビルド / 開発者メニューを実行(F5)」を行い、実行して動作を確認します。

伝票トランザクションを実行すると顧客IDが関連付けされた形の動作に変わっていることが確認できます。

3-4 サブタイプ（Subtype）オブジェクトの使用例

3-4-1. 基本の使用方法

伝票 (D4)	
伝票 NO	D4_DenpyoNo
伝票日付	D4_DenpyoDate
顧客コード	D4_CustomerCd
仕入先コード	D4_ShiireCd
支払種別	D4_ShiharaiKb
合計金額	D4_TotalKin

取引先 (C4)	
取引先コード	C4_CustomerCd
取引先名	C4_CustomerNm
取引先 Tel	C4_CustomerTel

　上記の場合、伝票の顧客コードと取引先の取引先コードが別名で定義されていますので、2つのトランザクションは関連なしとなっています。
　ここに下記の「サブタイプグループ」オブジェクトを定義します。

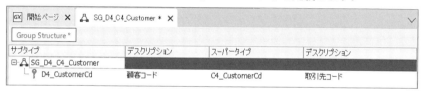

　このサブタイプグループを定義することで、「伝票の顧客コード」は「取引先の取引先コード」との関連を持たせることができます。また、項目名を同名にした場合とサブタイプグループを定義した場合では同じ結果になり、動作も同じになります。

3-4-2. 1つのトランザクションから同じマスタに複数の関連を持たせる場合

伝票 (D4)	
伝票 NO	D4_DenpyoNo
伝票日付	D4_DenpyoDate
顧客コード	D4_CustomerCd
仕入先コード	D4_ShiireCd
合計金額	D4_TotalKin

取引先 (C4)	
取引先コード	C4_CustomerCd
取引先名	C4_CustomerNm
取引先 Tel	C4_CustomerTel

例えば上記のデータモデルで、顧客と仕入先の両方とも取引先データとして管理したい場合、伝票：顧客コードと伝票：仕入先コードを取引先：取引先コードとの関連を持たせる形にします。しかし、1つのトランザクションに同一の項目名を2つ定義することはできませんので、「項目属性を同名にする」方法では2つの項目属性に取引先マスタとの関連を持たせることはできません。

この場合、「どちらかをSubtypeで設定する」、もしくは「両方ともSubtypeで設定する」のどちらかの対応をとります。

ただし、片方は同名での関連付けを行い、片方はSubtypeでの関連付けを行った場合、開発者が判断しにくくなりますので、このような場合は両方ともSubtypeで設定を行う方が適しているでしょう。

さて、伝票データのグリッド表示画面に取引先：取引先名を設定した場合、取引先名は「伝票：顧客コードの取引先名」と「伝票：仕入先コードの取引先名」のどちらが表示されるのでしょうか。

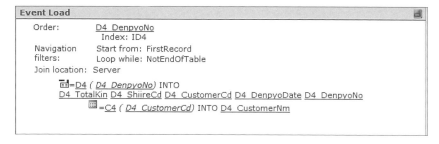

　グリッド表示画面をビルドすると上記のような分析結果が表示され、この場合は伝票：顧客コードに紐づく取引先：取引先名が表示される分析となっています。この分析結果は、作成の仕方・順番によって変わる可能性がありますので、結論としては開発者の想定通りの結果にはならないということが分かります。

　伝票：仕入先コードだけではなく、伝票：顧客コードに紐づく取引先：取引先名も表示対象としたい場合は、Subtypeの定義を変更する必要があります。

伝票トランザクション
・顧客名、仕入先名を追加（この項目は論理項目になります）

伝票：顧客コードのSubtype

伝票：仕入先コードのSubtype

サブタイプ	デスクリプション	スーパータイプ	デスクリプション
SG_D4_C4_Shiire			
D4_ShiireCd	仕入先コード	C4_CustomerCd	取引先コード
D4_ShiireNm	仕入先名	C4_CustomerNm	取引先名

＜グリッド表示画面のグリッド定義＞

伝票NO	D4_DenpyoNo
伝票日付	D4_DenpyoDate
顧客コード	D4_CustomerCd
顧客名	D4_CustomerNm
仕入先コード	D4_ShiireCd
仕入先名	D4_ShiireNm
合計金額	D4_TotalKin

　このようにトランザクションとSubtypeに使用する項目属性を明記して、それをグリッドに設定すると、開発者の想定した通りの結果が得られます。また、このように定義することで項目属性名を分かりやすく設定できますので、可読性が向上し開発効率もよくなります。

　この方法は実際のプロジェクトでもよく使われる方法です。関連付けによりGeneXus側で推測できる項目属性が複数ある場合には、Subtypeの定義にて項目を特定させる必要があります。

3-4-3. 1：1の関連

これまでの関連では1：Nの形でしたが、1：1の関連を定義するにはどうしたらよいでしょう。

顧客 (C5)	
顧客コード	C5_CustomerCd
顧客名	C5_CustomerNm
顧客 Tel	C5_CustomerTel

顧客付属情報 (C6)	
顧客コード	C5_CustomerCd
趣味	C6_Shumi
経歴	C6_Keireki

上記のデータモデルの場合、GeneXus上で再編成を行うと物理テーブルは1つになります。

これは、顧客と顧客付属情報のキー項目である顧客コードが同名のため、GeneXusが正規化を行い物理テーブルは1つでよいと解析した結果です。

物理テーブルを2つに分けたい場合は、下記のように定義します。

顧客 (C5)	
顧客コード	C5_CustomerCd
顧客名	C5_CustomerNm
顧客 Tel	C5_CustomerTel

顧客付属情報 (C6)	
顧客コード	C6_CustomerCd
趣味	C6_Shumi
経歴	C6_Keireki

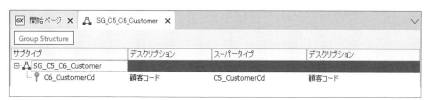

このように、キー項目は別名にて定義を行い、Subtypeにて関連を付けます。すると、物理テーブルは別になりますが、関連は持った状態ですので1：1の形になります。

※GeneXusのDiagramsで参照すると1：Nの矢印となって表示されますが、実際の関係は1：1です。

3-4-4. 再帰的な関連

データモデルのなかには再帰的な関連を持たせたい場合もあります。

例えば、社員マスタの中に上司コードを持ち、かつ上司も社員マスタのデータである場合などは下記のようにして実現します。

社員 (S1)	
社員コード	S1_ShainCd
社員名	S1_ShainNm
部署	S1_Busho
上司社員コード	S1_JoushiShainCd

画面には社員一覧として下記の項目を表示します。
- 社員コード
- 社員名
- 部署
- 上司社員名

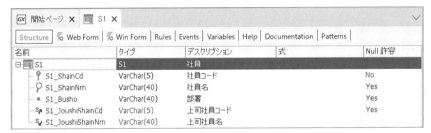

このようにSubTypeを定義することで再帰的な関連を実現することができます。

3-4-5. N:Nの関連

N:Nの関連を持たせたいという場合、下記の方法で実現できます。
・グループは複数の社員で構成されており、社員は複数のグループに所属することがあります。

グループトランザクション

社員トランザクション

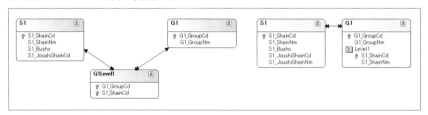

このようにトランザクションを定義することでN:Nの関連が実現され、GeneXusのDiagramsでは以下に表現されます。左がテーブル間の関連で、右がトランザクション間の関連です。

物理テーブルでは①社員テーブル、②グループテーブル、③社員とグループの関連テーブルの3テーブルが生成されます。「社員とグループの関連テーブル」にて社員とグループの構成を管理します。

3-5 GeneXusにおけるデータモデルのポイント

実際のシステム開発において、GeneXus特有の考えからデータモデルを検討する必要があるポイントを紹介します。

3-5-1. 項目の意味を考える

GeneXusではトランザクションの項目属性（アトリビュート）に対して一意の意味を求めます。これはDOAのデータに対する考え方と同じです。実際のシステム開発での具体例としては、得意先マスタと仕入先マスタが別マスタで管理されています。そして、あるテーブルの1つの項目には「得意先コードまたは仕入先コード」が格納され、どちらが格納されるかは処理区分により変わるという仕様の場合です。

処理区分　：VarChar(1)
汎用コード：VarChar(10)
　※処理区分が"1"の場合は得意先コード、"2"の場合は仕入先コードが
　　格納されます。

この場合、汎用コードという項目はどのような意味を持つ項目なのでしょうか。

得意先コードでしょうか。それとも仕入先コードでしょうか。

答えはどちらでもありません。どちらとも違う汎用コードという意味を持つ項目となります。ですので、得意先マスタとも仕入先マスタとも関連を持たせることは誤っています。

この場合、下記のようにトランザクションを定義することがGeneXusに適しています。

処理区分　　：VarChar(1)
得意先コード：VarChar(10)　※処理区分が"1"の場合に格納されます。
仕入先コード：VarChar(10)　※処理区分が"2"の場合に格納されます。

この形であれば、得意先コードは得意先マスタと仕入先コードは仕入先マスタと関連を持たせることができます。

1つの項目に複数の意味を持たせる仕様としてよく使われるのは、「区分マスタ／名称マスタ／汎用マスタ」のようにシステムで使用される名称などを一括でマスタ管理する場合です。

区分マスタ	
区分	001：性別、002：血液型、003：都道府県 …
連番	連番
区分名称	区分に応じた名称を格納

　上記の場合、区分名称という項目属性には異なる意味を持つ様々なデータが格納されることになり、どのテーブルとも関連を持たせることはできません。その場合、名称を取得するのに必ずFor EachにてDBアクセスを行う必要があり、レスポンス悪化の要因となります。

　このように、GeneXusのドメインを使って定義する方法や、式（Formula）の項目でFind関数を使用して名称を取得する方法が適しています。

3-5-2. キー項目の冗長化

　システムによってはトランザクションテーブルにおいてキー項目を多く設定して、冗長になっている場合があります。それには単純にユニークにするためには複数の項目属性をキー項目に設定しなければいけない場合や、キー項目として用意することでDBのインデックスから速度を向上させる目的が考えられます。

　GeneXusではキー項目は必須項目になり、キー項目に対してUpdate（更新）を行うことができません。そのため、キー項目を更新する場合はDelete Insertする必要があります。またGeneXusではキー項目を指定する記述がいくつかあるため、キー項目が多ければそれだけ設定や記述する量が増えてしまいます。

　これらのことからGenexusでは、キー項目については冗長にせず、シンプルにした方が適しています。例えば伝票テーブルであれば、伝票SEQという項目属性でAutonumberに設定すればそれだけでユニークになりますので、キー項目としては1項目ですみます。（AutonumberはDBでのSequence(シーケンス)となります）
　それ以外の項目は従属項目として保持します。

　トランザクションテーブルのキー項目を検討する際には上記の点をよく考慮してください。

3-5-3. データ作成時点のマスタ値を保持

　GeneXusのトランザクションで式に計算式を埋め込んだ項目や、同名・サブタイプグループで関連を付けた項目の従属項目については論理項目（実際のDBには反映されない）として定義されます。それらの論理項目について、物理項目として保持させるための「冗長」プロパティがあります。

※「冗長」プロパティはデフォルトでは表示されませんので、見出し行を右クリックして「表示列の選択」を押下、その中の「冗長」をドラッグ＆ドロップしてください。

　「冗長」プロパティにチェックを入れると、物理項目としてDBテーブルに項目が作成され、当トランザクションが登録・更新されるタイミングで自動的に値が編集されます。

　この機能を使うと、データ作成・更新時点のマスタの値（主に名称や税率など）や、式の計算結果を保持しておくことができます。ただし、データに対して何らかの更新を行った場合には、最新の情報で再編集されますので注意してください。

3-6 参考情報

その他、トランザクション関連で参考になるものを紹介します。

3-6-1. 内部結合と外部結合

トランザクションで関連を持たせた場合、それを内部結合とするか外部結合とするかは関連項目の「Null許容」の値にて判断されます。

上記の場合、伝票（D2）と顧客（C2）は外部結合となります。
逆に、Null許容プロパティをNoとした場合は、内部結合となります。

3-6-2. ユーザインデックス

GeneXus上にてユーザインデックスを作成したい場合は、表示メニューからテーブルを選択し、テーブルオブジェクトのIndexesタブより設定します。

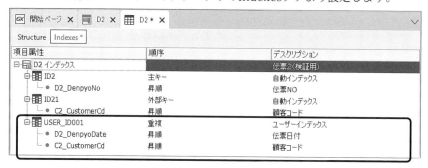

上記の場合は、伝票日付と顧客コードに対してのインデックスを追加しています。

3-6-3. 参照整合制約

　GeneXusからDBを構築した場合、デフォルトで参照整合制約（外部キー制約）が作成されます。GeneXusで構築されたシステムからDBへアクセスする場合は参照整合制約に従います。テストデータの作成やデータ移行を行う場合、参照整合制約に従った形で対応する必要があります。

例：明細テーブルを先に登録すると「親データがない」とエラーが発生する。マスタ側のデータを削除しようとすると「トラン側で使用されているために削除できません」とエラーが発生する。

　参照整合制約（外部キー制約）を作成したくない場合は、「Declare referential integrity」プロパティを「No」にします。このプロパティはDB作成時に反映されますので、変更した場合はDBを再生成する必要があります。

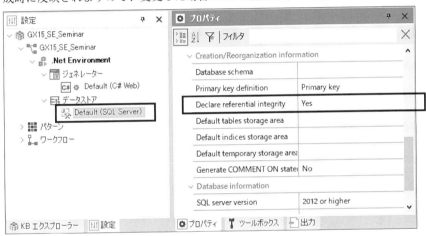

3-7 データダイアグラム

定義したトランザクション間の関連を参照するツールとしてDiagramオブジェクトが用意されています。

①Diagramタイプのオブジェクトを新規作成します。

②既に定義されているトランザクション（またはテーブル）を作成したDiagramにドラッグします。トランザクション間の関連が矢印で参照できます。矢印の個数によって１対Nなどの関係を表しています。

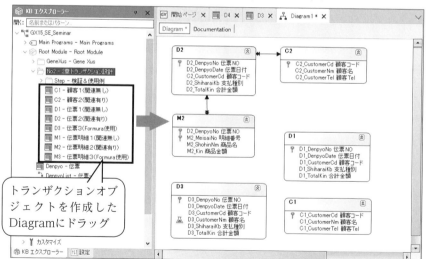

※デフォルトではディスクリプションが表示されていませんが、[ツール][オプション]から[テーブルとトランザクションのダイアグラム]のプロパティによってディスクリプションを表示することができます。

4章 特徴的な機能

4-1 For Eachコマンド

　For Eachコマンドはデータベースから情報を取得するためのコマンドになります。ウェブパネルオブジェクトのEventや、プロシージャオブジェクト内のSourceに記述して使用します。GeneXusはFor Eachコマンドに指定した並び順（Order）・条件（Where）やFor Each内で使用している項目属性から判断して自動的にSQL文を組み立てます。

4-1-1. For Eachの基本

＜基本的な構文＞
For Each [ベーステーブルのトランザクション] Order [項目属性]
Where [項目属性] = '値'
　　　該当データが存在する場合の処理
When none
　　　該当データが存在しなかった場合の処理
Endfor

①For Eachコマンドはループ処理になります。上記の構文の場合、該当データの件数分「該当データが存在する場合の処理」を繰り返します。該当データが存在しない場合は「該当データが存在しなかった場合の処理」を一度だけ実行して、Endfor以降の処理へ進みます。

②For Eachコマンドはベーステーブルを指定することもできますし、省略した場合は自動でベーステーブルを判断します。その際には「最も拡張されていない（最小）テーブル」がベーステーブルとして選択されます。

③1つのFor Eachで取得できる範囲はベーステーブルと拡張テーブルの範囲内となります。拡張テーブルの項目属性を指定している場合は、自動的にJoinされたSQLが生成されます。
　拡張テーブルを超えて指定されている場合や、指定したベーステーブルのトランザクションがそぐわない場合はエラー・警告が表示されます。

④For Eachコマンドの解析結果はビルド時の「ナビゲーション表示」で確認できます。

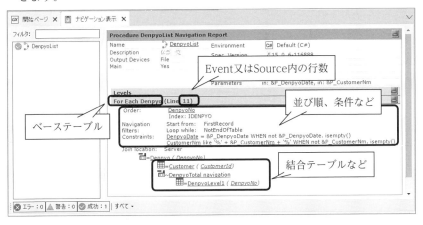

4-1-2. For Eachの入れ子

For Eachは入れ子で記述することができます。上位のFor Eachの結果を基に下位のFor Eachを実行できます。

例：
```
For Each  伝票トランザクション
          処理①
          For Each 顧客トランザクション
          Where 顧客コード =伝票顧客コード
                処理②
          Endfor
Endfor
```

この場合、「処理①」と「顧客トランザクションの検索」は伝票トランザクションのデータ件数分実行されます。処理②は伝票の顧客コードを使って、顧客トランザクションを検索した結果、データがある場合には「処理②」が実行されます。

4-1-3. For Eachのコントロールブレイク

データの集計を取りたい場合や、帳票などで小計行の出力や、取引先単位で改ページをしたい場合など、コントロールブレイク処理を記述することがあると思います。GeneXusの場合、For Eachで「同じトランザクション」を入れ子に記述することで、コントロールブレイク処理を簡易に実装することができます。

例：
For Each 伝票トランザクション Order 伝票顧客コード
　　　　For Each 伝票トランザクション
　　　　　　　　処理①
　　　　Endfor
　　　　処理②
Endfor

この場合、Orderに記述した項目が変わるまで下位のFor Eachを繰り返す処理が実装されます。「処理①」は伝票トランザクションのデータがある分繰り返され、伝票顧客コードが変わった際にループ処理がブレイクされ、「処理②」が実行されます。さらにデータがある場合は「処理①」のループが繰り返されます。

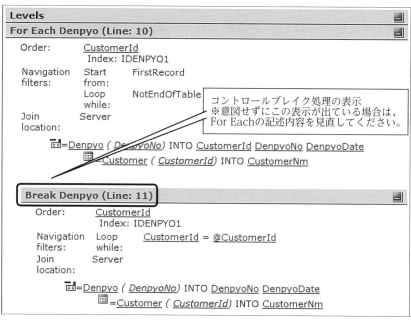

4-2 ドメイン（Domain）

ドメインは項目のタイプ、要素を統括管理することができます。
金額項目のドメインを追加して、項目属性のタイプに設定してみましょう。

①メニューバーの「表示 / ドメイン」を開きます。

②Enterボタンを押下し、金額項目用の新規ドメイン「Amount」を追加します。
※カンマ編集表示にするために「Picture / Thousand separator」プロパティをTrueに設定します。

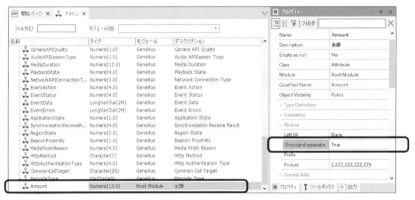

③伝票トランザクションのStructureタブを表示して、3つの金額項目のタイプを、ドメインの「Amount」に変更します。

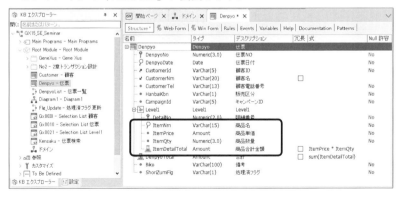

Point

- Enumバリュー（列挙型ドメイン）

4-3 コンボボックスコントロール

Step 1：コントロールタイプをCombo Boxに設定する

①伝票トランザクションのStructureタブを表示して、販売区分のControlType・Values・EmptyItemプロパティを変更します。Valuesは…(参照) ボタンより「値エディタ」を表示して設定します。

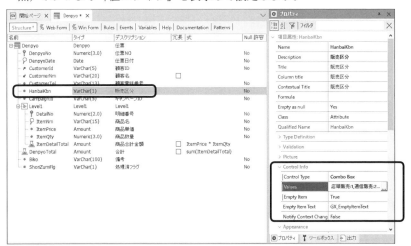

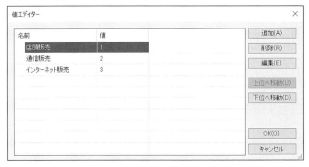

②保存後、「ビルド / 開発者メニューを実行(F5)」を行い、実行して動作を確認します。

Point
- AddItemメソッド：Eventsでのコンボボックス作成
- Empty ItemプロパティとEmpty Item Textプロパティ
- Gx既定のメッセージ管理（ローカライズ - トランスレーション）

Step 2:Dynamic Combo Boxを設定する

①Dynamic Combo Boxとはマスタデータからコンボボックスを作成するコントロールです。今回は伝票トランザクションのキャンペーンIDについて、キャンペーンマスタを追加して、Dynamic Combo Boxにします。

②メニューバーの「新規 / オブジェクト」を選択して、キャンペーンマスタを作成します。「Transaction」を選択して、
名前は「Campaign」、デスクリプションは「キャンペーンマスタ」と入力し、作成ボタンを押下します。

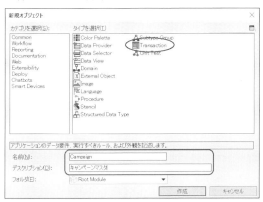

③Structureタブを表示して、項目属性を定義します。

④伝票トランザクションの「WebForm」タブを表示して、キャンペーンIDのプロパティからControlInfoを変更します。

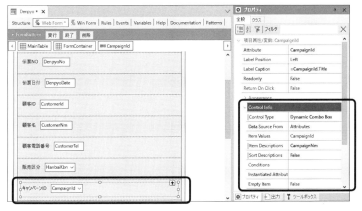

＜設定内容＞
ItemValues：コンボボックスの値に設定する項目属性を指定
ItemDescription：コンボボックスの名称に設定する項目属性を指定
SortDescription ： デスクリプションで並び替えを行う場合の指定、Falseの場合はValuesで並び替えを行う

⑤保存後、「ビルド / 開発者メニューを実行(F5)」を行い、キャンペーンマスタにデータを登録して動作を確認します。

Step 3：Dynamic Combo BoxのConditionsを設定する
①Step2にて設定したDynamic Combo Boxに抽出条件を追加します。
　抽出条件はConditionsプロパティに設定します。

②保存後、「ビルド / 開発者メニューを実行(F5)」を行い、実行して動作を確認します。

4-4 SDT (Structured Data Type)

「Structured Data Type」は数個の要素から構成されたデータ構造を定義することができます。

1-7.プロシージャオブジェクトで作成した「処理済フラグ更新」処理では、検索条件を受け取って処理を行っていますが、こちらを検索結果のデータ（更新の対象レコード）を受け取って処理をするように修正しましょう。

Step 1：Structured Data Typeを作成する

①メニューバーの「ファイル/ 新規 / オブジェクト」を選択し、更新対象伝票SDTを作成します。

タイプより「Structured Data Type」を選択し、名前は「SD_Upd Denpyo SDT」、デスクリプションは「更新対象伝票SDT」と入力し、作成ボタンを押下します。

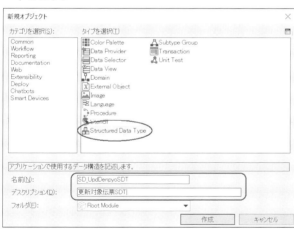

②伝票NOと伝票日付を複数保持することが可能なSDTに設定します。
複数データを保持するためコレクションにチェックを付けます。

③伝票NOと伝票日付は項目属性と同タイプ（Based On）とするため、項目属性一覧から選択して定義します。

メニューバーの「追加 / 項目属性」か「Ctrl + Shift + A」で項目属性一覧を表示して、伝票NOと伝票日付を追加してください。

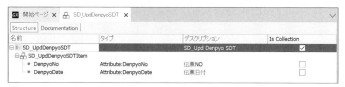

Step 2：Structured Data Type にデータを格納する

伝票検索画面で検索結果をSDTに格納する記述を行います。

①伝票検索ウェブパネル（Kensaku）のValiableタブを表示して、Step1で作成したSDTをタイプとした変数を2種類作成します。1つは親のSDTとなりコレクションを保持します。もう1つは子のSDTでコレクションの要素として使用します。また、変数名の接頭詞には"SD_"を付加します。

②伝票検索ウェブパネルのWeb Formタブを表示して、ボタンを追加します。

③「SDT実行」ボタンを右クリック「イベントへ移動」にてEventタブを表示します。btn_SDTイベントにグリッドに表示されているレコードの伝票NO・伝票日付を①で作成したSDTの変数に格納する処理を記述します。

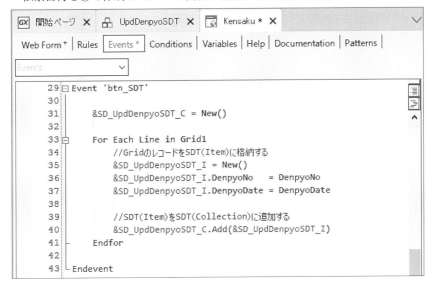

Step 3：Structured Data Type に格納されたデータを取り出す

新しいプロシージャを作成して、Step2で伝票データを格納したSDTを受け取り、SDTに格納されている伝票Noと一致する伝票データの処理済フラグを更新する処理を記述します。

①オブジェクトをコピーして作成します。
KBエクスプローラーから「Flg_Update (処理済みフラグ更新)」プロシージャを選択して、右クリック-コピーをします。そのまま右クリック-貼り付けを行うと、新しく「Flg_Update 1 (処理済みフラグ更新)」プロシージャが作成されます。

②コピーしたオブジェクトのプロパティからNameを"Flg_Update_SDT"、デスクリプションを"処理済みフラグ更新SDT"に変更します。

③Flg_Update_SDTプロシージャのValiablesタブを表示して、パラメータ受け取り用のSDT変数を2つ作成します。
伝票検索ウェブパネル（Kensaku）と同じ変数なので、コピーしてください。

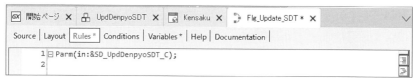

④Rulesタブを表示して、パラメータの定義を修正します。

```
1 Parm(in:&SD_UpdDenpyoSDT_C);
2
```

⑤Sourceタブにてパラメータで受け取ったSDTのデータを取り出し、伝票テーブルを更新する処理を記述します。

```
1  For &SD_UpdDenpyoSDT_I in &SD_UpdDenpyoSDT_C
2
3      For Each
4          Where DenpyoNo = &SD_UpdDenpyoSDT_I.DenpyoNo
5
6              //処理済フラグOFF
7              ShoriZumiFlg = '0'
8
9      EndFor
10 EndFor
```

これでプロシージャは完成となります。

⑥伝票検索ウェブパネル（Kensaku）のEventsタブを表示して、「btn_SDT」イベントの記述を修正します。

SDTにデータを格納した後に、Step3で作成したプロシージャを呼び出す処理を追記します。

```
28  Event 'btn_SDT'
29
30      &SD_UpdDenpyoSDT_C = New()
31
32      For Each Line in Grid1
33          //GridのレコードをSDT(Item)に格納する
34          &SD_UpdDenpyoSDT_I = New()
35          &SD_UpdDenpyoSDT_I.DenpyoNo   = DenpyoNo
36          &SD_UpdDenpyoSDT_I.DenpyoDate = DenpyoDate
37
38          //SDT(Item)をSDT(Collection)に追加する
39          &SD_UpdDenpyoSDT_C.Add(&SD_UpdDenpyoSDT_I)
40      Endfor
41
42      //処理済フラグ更新SDTの呼び出し
43      Flg_Update_SDT.Call(&SD_UpdDenpyoSDT_C)
44
45  Endevent
```

⑦「ビルド / 開発者メニューを実行(F5)」を行い、実行して動作を確認します。

4-5 グリッドのカスタマイズ

伝票検索画面のグリッドに項目属性以外の項目を表示する場合の方法を試してみましょう。

請求日付として、伝票日付の2ヵ月後の日付を表示するように修正します。

①伝票検索ウェブパネル(Kensaku)のVariablesタブを表示して、請求日付を表示するための変数を作成します。

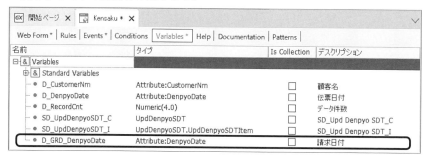

②Web Formタブを表示して、グリッドを右クリック「項目属性/変数を挿入」から請求日付を選択して、グリッドに追加します。追加後、ドラッグ&ドロップで並び順を調整してください。

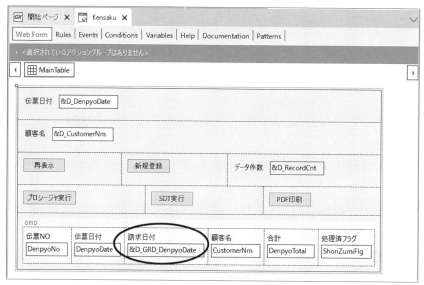

③請求日付のプロパティから「ReadOnly」をTrueに変更します。

④Eventsタブを表示してから、メニューバーの「追加 / イベント」を選択して、Grid1のLoadイベントを追加します。

⑤請求日付が伝票日付の2ヵ月後の日付となるよう編集処理を記述します。

⑥「ビルド / 開発者メニューを実行(F5)」を行い、実行して動作を確認します。

Point

- Loadイベントはグリッドの1行毎に実行される
- AddMth関数

4-6 ベーステーブルがないグリッド

データベースからデータを抽出する場合は必ずベーステーブルが存在します。ベーステーブルがない場合とはDBではなく「ファイルの内容をグリッドに表示したい場合」や、「AテーブルとBテーブルをマッチングした結果をグリッドに出したい場合」など、拡張テーブル範囲内に対しての抽出ではない場合に"ベーステーブルがないグリッド"を作成する必要があります。

作成方法としては2つあり、SDTを画面に貼り付けてグリッドとして表示する方法と、Loadコマンドを使ってグリッドを1行ずつ作成していく方法があります。前者の方が取り扱いやすいため本項ではSDTを画面に貼り付ける形を説明します。

伝票検索画面について再表示ボタンを検索ボタンに変更して、検索ボタン押下時に一旦SDTを作成。そのSDTを画面に表示する機能を作成します。

Step 1：SDT（Structured Data Type）を作成する

①メニューバーの「ファイル / 新規 / オブジェクト」を選択し、伝票検索画面の一覧データを格納するためのSDTを作成します。タイプより「Structured Data Type」を選択し、名前は「KensakuDataSDT」、デスクリプションは「伝票検索データSDT」と入力し、作成ボタンを押下します。

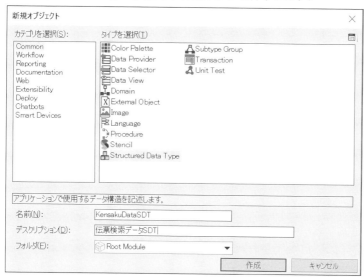

②SDTに定義する要素を項目属性から選択して、項目属性と同名・同タイプの要素（Based On）を設定します。
複数データを保持するためコレクションにチェックを付けます。

Step 2：伝票検索SDTウェブパネルを作成する

①ＫＢエクスプローラーから伝票検索ウェブパネル（Kensaku）を選択してコピー／貼り付けを行い、オブジェクトをコピーします。コピーしたオブジェクトのプロパティでNameを"Kensaku_SDT"、デスクリプションを"伝票検索SDT"に修正します。

②伝票検索SDTのWeb Formタブを表示してから、再表示ボタンのOnClickEventプロパティで<new>を選択します。表示された「ユーザイベントを定義」プロンプトで"btn_Kensaku"に変更します。さらにCaptionも"検索"に修正します。

③検索ボタンを右クリック「イベントへ移動」にて、Eventsタブにbtn_Kensakuイベントを作成します。

④Eventsタブから、「追加・修正・削除・SDT実行」ボタンの各ボタンイベントを削除します。
（ベーステーブルがないグリッドではFor Each外でAttributeが使用できないため）

⑤Web Formタブを表示して、「追加・修正・削除・SDT実行」ボタンを削除します。

Step 3：SDTにデータを格納する

①Variablesタブを表示して、SDT用の変数2種類（CollectionとItem）を作成します。

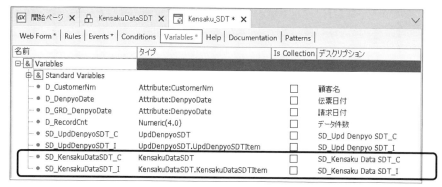

②Eventsタブを表示して、btn_Kensakuイベントに検索条件に該当するデータをSDTに格納する処理を記述します。

```
51
52  Event 'btn_Kensaku'
53
54      &SD_KensakuDataSDT_C = New()
55
56      For Each
57          Where DenpyoDate = &D_DenpyoDate When Not Null(&D_DenpyoDate)
58          Where CustomerNm Like '%' + &D_CustomerNm + '%' When Not Null(&D_CustomerNm)
59
60          //該当レコードをSDT(Item)に格納する
61          &SD_KensakuDataSDT_I = New()
62          &SD_KensakuDataSDT_I.DenpyoNo      = DenpyoNo
63          &SD_KensakuDataSDT_I.DenpyoDate    = DenpyoDate
64          &SD_KensakuDataSDT_I.CustomerNm    = CustomerNm
65          &SD_KensakuDataSDT_I.DenpyoTotal   = DenpyoTotal
66          &SD_KensakuDataSDT_I.ShoriZumiFlg  = ShoriZumiFlg
67
68          //SDT(Item)をSDT(Collection)に追加する
69          &SD_KensakuDataSDT_C.Add(&SD_KensakuDataSDT_I)
70      EndFor
71
72  Endevent
```

Step 4：Web FormにSDTを配置する

①Web FormのGridコントロールを削除します。

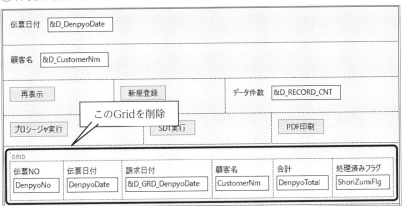

②Gridコントロールを削除した位置にカーソルを当てて、「Ctrl+Shift+V」でSDTを配置します。
この時に選択するSDTは親（Collection）側のSDTになります。
Grid作成後、各列のプロパティから「ReadOnly」をTrueに変更します。

③保存後、「ビルド / 開発者メニューを実行(F5)」を行い、実行して動作を確認します。

※ナビゲーション表示にてベーステーブルを持たないグリッドであることが確認できます。

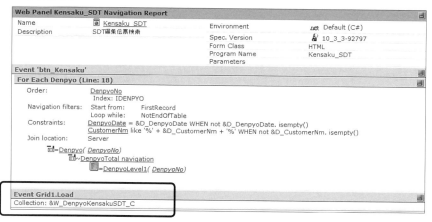

Step 5：SDTのソートを設定する

SDTに格納されたデータを、指定したソート条件にてソートすることが可能です。

①伝票日付の昇順でソートするには、SDTへのデータ格納処理後、下記のように記述します。

```
//伝票Noの昇順でソート
&W_DenpyoKensakuSDT_C.Sort('DenpyoNo')
```

※ソート条件は、SDTの要素に設定した名前を文字列で設定します。
※降順にソートする場合は、項目名を角括弧 [ ] で囲みます。
※複数のソート条件を設定する場合は、カンマ区切りで並べます。

<使用例> 伝票日付の降順、伝票Noの昇順でソート

```
//伝票日付の降順、伝票Noの昇順でソート
&W_DenpyoKensakuSDT_C.Sort('[DenpyoDate], DenpyoNo')
```

②保存後、「ビルド / 開発者メニューを実行(F5)」を行い、実行して動作を確認します。

Point

- SDTのソートはメモリ上でのソートになるため、大量データの場合は注意が必要

4-7 レスポンシブWEBデザイン

　レスポンシブWEBデザインはPC／スマートデバイスといった端末のサイズに応じて画面デザインを最適化させるための方法です。GeneXus16ではデフォルトがレスポンシブWEBデザイン対応となっていますので、画面デザインの調整方法についてご紹介します。

4-7-1. レスポンシブWEBデザインの前提

①レスポンシブWEBデザイン対応の前提として、「どのサイズ（主に横幅）の時に、どのような表示にするか」をあらかじめ設定しておくことで、動作時のデザインを変化させます。GeneXusでは自動的に設定される部分もありますが、基本的には「このサイズの場合はこの表示」という設定を開発者が行います。

②GeneXusの画面デザインは各オブジェクトのWeb Formタブで編集します。このWeb Formタブには、「Abstract Layout（抽象レイアウト）」形式と「HTML」形式の2種類があります。レスポンシブWEBデザインにする場合は「Abstract Layout」形式にすることで、動的な画面動作が実現されます。「HTML」形式にした場合はHTMLの設定に従って画面が表示されます。

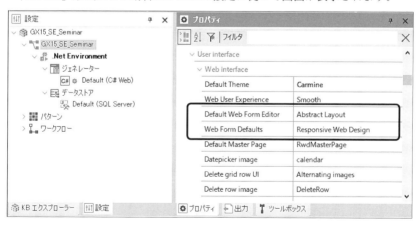

<Abstract Layout>

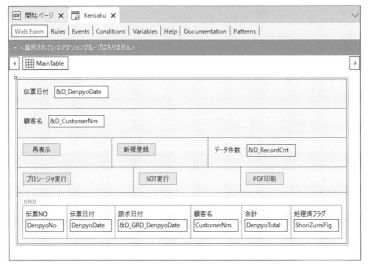

<HTML Layout>

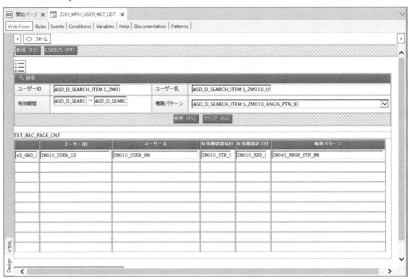

4-7-2. Responsive Sizeプロパティ

伝票検索画面を例にレスポンシブWEBデザインの設定を確認してみましょう。

①伝票検索ウェブパネル（Kensaku）のWeb Formタブを表示します。
画面コントロールの一番上位が「MainTable」となっており、こちらがレスポンシブテーブルオブジェクトとなります。

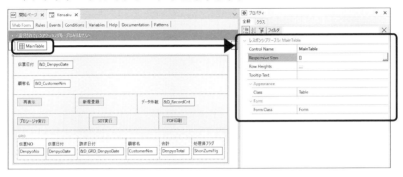

②プロパティの「Responsive Size」の右端[…]をクリックして、現在の設定を確認します。
以下は、横幅が極小（768px以下）の場合の画面配置の設定となります。すべての項目を縦一列で並べています。

「極小」以外では、Web Form上で並んでいる通りに設定されています。

③画面を実行して、ブラウザのサイズを変更してみましょう。
以下のようにサイズを変更することで画面のデザインが動的に切り替わることが確認できます。

<通常の画面サイズ>

<極小サイズ（ブラウザの横幅を縮めた場合）>

4-7-3. グリッドのレスポンシブWEBデザイン対応

「レスポンシブテーブル」オブジェクトの場合は上記の「Responsive Size」プロパティでデザインを調整していくことなりますが、グリッドの場合は「どのサイズの場合に、どの項目を表示するか」を設定します。設定方法はThemeとclassプロパティになります。

①KBエクスプローラから[カスタマイズ] - [テーマ] - [Carmine]を開きます。
②GridColumnを展開して、下位の「ActionColumn」と「OptionalColumn」を確認します。

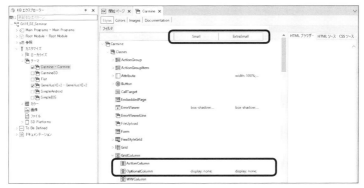

「OptionalColumn」はSmallとExtraSmallの場合には「display:none（非表示）」となっています。
　したがって、GridColumnに「OptionalColumn」を設定したものはSmall以下の場合は表示されません。

③伝票検索ウェブパネル（Kensaku）のWeb Formタブを開いて、グリッドのプロパティに設定してみましょう。
　請求日付・顧客名・合計・処理済みフラグの[Column Class]プロパティに「OptionalColumn」を設定して、ビルドし確認します。

> Point
> - レスポンシブWEBデザインにする場合は、サイズ毎の画面設計が必要
> - サイズを細分化すればその分だけ設計、開発、メンテナンスも必要となるので注意
> - Themeオブジェクトの[Small] [ExtraSmall]は右クリックで、サイズの調整、ルールの追加も可能

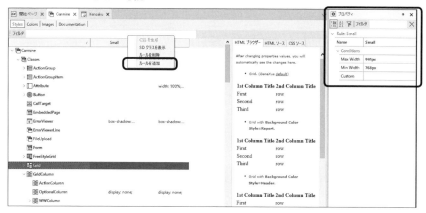

> - グリッドの「OptionalColumn」のように、フォントサイズや画像も各Classesの[Small] [ExtraSmall]…に対して、Themeオブジェクトで設定することが可能

4-8 画像の管理

GeneXusでは画像管理機能を使ってイメージ画像を管理しています。ウェブパネル等で画面に画像を配置したい場合は、画像管理機能から新規登録することにより使用可能になります。

Step 1：画像の登録方法

①KBエクスプローラーの「カスタマイズ」フォルダ内にある「画像」をダブルクリックすると登録されている画像の一覧が表示されます。新規登録する場合は、ツールバーの「新規画像」をクリックします。

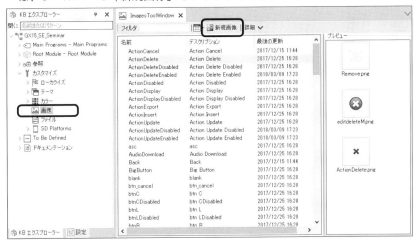

②「新規画像」をクリックすると以下のようなウィザードが開きます。ローカルにあるファイルを取り込む場合は「ファイルから画像を作成」を選択して「次へ」を押します。

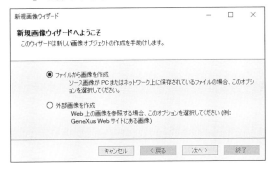

③取り込みを行う画像を選択します。取り込みを行う画像は、言語・テーマ別に管理することが可能です。以下の枠部分のチェックをつけて「Finish」を押すと、言語、テーマ別に異なる画像を登録することが可能になります。

※ファイルから画像を取り込んだ場合はナレッジ内のweb\Resourcesフォルダ以下に言語・テーマ別に画像が取り込まれます。

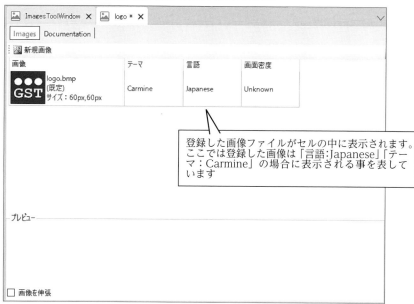

登録した画像ファイルがセルの中に表示されます。ここでは登録した画像は「言語:Japanese」「テーマ:Carmine」の場合に表示される事を表しています

4-9 よく使う文法

GeneXusの開発の中で、良く使う文法をご紹介します。

1. Case
条件を満たすとき、制御を実行します。

```
Do Case
    Case &W_Gamen_Kbn = '1'
        &D_Title = '仕入先一覧'
    Case &W_Gamen_Kbn = '2'
        &D_Title = '支払先一覧'
    Otherwise
        &D_Title = '得意先一覧'
EndCase
```

Do Case
 Case code
  block
 Otherwise
  block
EndCase

2. IIF
IF文を1行で表現します。

```
&W_ErrCd = Iif(&W_Rtn_Msg.IsEmpty(),"0","9")
```

Iif (condition,value,value)

3. For Each Line
画面に表示された(または入力された)グリッドの内容を1行毎に抽出します。

```
For Each Line
    If &W_ErrFlg = "0"
        //更新処理呼び出し
        UpdateDenpyo.Call(DenpyoNo)
    EndIf
EndFor
```

For Each Line
 code
EndFor

4. While
指定した条件を満たす間、制御を行います。

```
Do While &W_StartLen > 0

    If SubStr(&W_FileName, &W_StartLen, 1) = "/"
        Exit
    EndIf
    &W_StartLen = &W_StartLen - 1

EndDo
```

Do While cond
 block
EndDo

5. For To

変数に設定した値が終了値となるまで制御を行います。

```
For &W_I = 1 To 20
    &W_DenpyoDate(&W_I) = NullValue(&W_DenpyoDate(&W_I))
    &W_CustomerNm(&W_I) = NullValue(&W_CustomerNm(&W_I))
EndFor
```

For &var = start to end
   code
EndFor

6. Exit

For文、While文の1つのループから抜けます。

```
For Each Order (DenpyoDate)
    Where DenpyoDate >= &P_DenpyoDate_From
    Where DenpyoDate <= &P_DenpyoDate_To
        &W_CustomerId = CustomerId
        &W_CustomerNm = CustomerNm
        Exit
    When None
        &W_CustomerId = NullValue(&W_CustomerId)
        &W_CustomerNm = NullValue(&W_CustomerNm)
EndFor
```

7. Return

実行を終了し、元のプログラムに戻ります。

```
If Not Null(&W_RtnMsg)
    &W_ErrCd = "9"
    Return
EndIf
```

8. Do (SubRoutine)

サブルーチンを呼び出します。

```
Event 'btn_Fix'
    Do 'SUB_INPUT_CHECK'
EndEvent

Sub 'SUB_INPUT_CHECK'
    For Each
        Where DenpyoNo = &D_DenpyoNo
            &W_ErrFlg = "1"
            Msg("既に登録済みのデータです。")
    EndFor
EndSub
```

5章 実践的な開発テクニック

5-1 ウェブパネル（Web Panel）における イベント動作

ウェブパネルでは、イベントと呼ばれる画面動作を定義する命令文を記載して画面制御を行います。GeneXus15の前バージョンとなるGeneXus X EV3より、User Experienceとして新たにSmoothが追加され、以前のバージョンと異なるイベント動作になっています。また、以前のバージョンとの互換動作も使用でき、EV2までと同様の動作にすることも可能です。

本項ではSmoothと以前のバージョンを比較しながら、各イベントの意味と動作について説明します。

※User Experienceを[Smooth]にするか、[互換動作]にするかはプロパティの設定で変更できます。

5-1-1. サーバ側で実行されるイベントの種類と実行順序

サーバサイドで実行されるイベントの種類は以下のとおりです。

イベント名	イベント説明
Start	オブジェクトが実行された時に、最初に実行されるイベントです。
画面上の変数の読み取り	GeneXus が内部的に実行しているイベントです。ユーザが入力した内容などを変数に格納します。
ユーザ定義イベント	ボタンが押下されたタイミング等で、開発者が個別に定義するイベントです。
Refresh	画面描画用のイベントで、Start、ユーザ定義イベントの次に実行されるイベントです。 （ユーザ定義イベントがない場合は Start の次に実行される。）
Load	画面上にグリッドがある場合、グリッド制御を行うイベントで、グリッドの1行毎に実行されます。 Refresh イベントの次に実行されます。

①画面初期表示のイベント実行順序

WebPanelが呼び出されると、オブジェクト内に定義されている以下のイベントが順に実行される

①Start
②Refresh
③Grid1.Load

②ユーザ定義イベントが実行された場合のイベント実行順序
　ユーザ定義イベントが実行された場合、[Smooth]と[互換動作]でイベント実行順序が異なります。

「ユーザID」「ユーザ名」「有効期限」の検索条件を指定し、「検索」ボタンを押すと、以下の順で処理が実行されます。

・[Smooth]の場合

```
①画面上の変数の読み取り
②検索ボタン イベント
　※「検索(F5)」ボタンのプロパティ"OnClickEvent"に定義してある、
　　ユーザ定義イベント
```

・[互換動作]の場合

```
「ユーザID」「ユーザ名」「有効期限」の検索条件を指定し、「検索」ボタン
を押すと、以下の順で処理が実行されます

①Start
③画面上の変数の読み取り
④検索ボタン イベント
　※「検索(F5)」ボタンのプロパティ"OnClickEvent"に定義してある、
　　ユーザ定義イベント
⑤Refresh
⑥Grid1.Load
```

※GeneXusでのイベント実行は、画面全体のリロードはされずに全てAjaxでの処理になります。

5-1-2. クライアント側で実行されるイベントの種類

クライアント側で実行される主要なイベントは以下のとおりです。

イベント名	イベント説明
IsValid	テキストの値が変更された場合に実行されるイベントです。
Click	画面項目をクリックした場合に実行されるイベントです。
DblClick	画像やテキストブロックをダブルクリックした場合に実行されるイベントです。
Drag	画像やテキストブロックをドラッグした場合に実行されるイベントです。
Drop	ドラッグした項目を離した場合に実行されるイベントです。

クライアント側で実行されるイベントは、クライアント内で実行されるJavascriptを使用して実行されます。

イベント内の記述がクライアント上で解決される場合は、JavaScriptのみで構成され、サーバ処理が必要な場合には、サーバ側の処理も実行されます。どちらで動作するかは、以下の内容によりGeneXusが自動的に判断します。

【サーバ側で処理が実行される条件】
 [A] Call・Linkコマンド、ウェブコンポーネント作成を行った場合
 [B] DBアクセスを含むロジックがある場合
 [C] バッチ処理やデータプロバイダをCallした場合
 [D] サーバイベントと関連する変数に値を代入している場合

5-1-3. Smoothと互換の動作、クライアントとサーバ動作の比較

　Smoothと互換の動作比較をまとめると、以下のようになります。

①画面初期表示のイベント実行順序

Smooth	互換
Start	Start
ユーザ定義イベント	ユーザ定義イベント
Refresh	Refresh
Load	Load

②ユーザ定義イベント実行時の実行順序

Smooth	互換
―	Start
フォームの変数の読取	フォームの変数の読取
ユーザ定義イベント	ユーザ定義イベント
―	Refresh
―	Load

③クライアント側で実行されるイベント（サーバ側で処理を実行する条件を満たさない場合）

Smooth	互換
ユーザ定義イベント（クライアント側）	ユーザ定義イベント（クライアント側）

④クライアント側で実行されるイベント（サーバ側で処理を実行する条件を満す場合）

Smooth	互換
―	Start
フォームの変数の読取	フォームの変数の読取
ユーザ定義イベント	ユーザ定義イベント
―	Refresh
―	Load

　以上の実行順序を念頭に置いたうえで、処理を記述する必要があります。
　また、[Smooth]の場合にユーザ定義イベント内で、「Refresh」コマンドを記述することで、明示的にRefreshイベントを実行させることができます。

5-1-4.サーバイベントと関連する変数に値を代入している場合

【サーバ側で処理が実行される条件】の中で、「サーバイベントと関連する変数に値を代入している場合」について説明します。例として、以下のような簡易な画面があるとします。単価と数量が変更されたら、金額を計算して表示する画面です。

Eventsタブには、以下のようにコードが記載されていたとします。

```
Event Start
    msg("Startイベント実行")
EndEvent

Event Refresh
    msg("Refreshイベント実行")
    &D_ITEM = 'オレンジジュース'


EndEvent

//単価が変更された場合のイベント
Event &D_TAN.IsValid
    msg("&D_TAN.IsValidイベント実行")
    //単価×数量＝合計
    &D_SUM = &D_TAN * &D_SUU
EndEvent

//数量が変更された場合のイベント
Event &D_SUU.IsValid
    msg("&D_SUU.IsValidイベント実行")
    //単価×数量＝合計
    &D_SUM = &D_TAN * &D_SUU
EndEvent
```

この場合、単価もしくは数量を変更したタイミングで「Event &D_TAN.IsValid」「Event &D_SUU.IsValid」で定義されているIsValidイベントが実行されます。GeneXusはサーバ側の処理を実行する必要がないと判断しクライアント側のみの処理で金額が計算されます。

この記述を以下のように変更したらどうでしょうか。

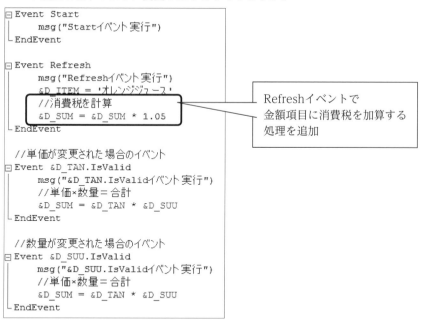

上記の記述に変更すると、**「[D] サーバイベントと関連する変数に値を代入しているイベント」**に該当するため、サーバ側の処理が実行されます。ここで言う「関連する変数」とは、金額項目"&D_SUM"のことです。IsValidイベント内で「Refreshイベントで使用している変数」に値を代入しているために、サーバイベントと判断されました。

この記述に変更して実行した際に、単価の数値を変更すると、イベントの制御は「Startイベント」⇒「&D_TAN.IsValidイベント」⇒「Refreshイベント」の順で実行されます。

※Loadイベントが存在するウェブパネルの場合は、「Startイベント」⇒「&D_TAN.IsValidイベント」⇒「Refreshイベント」⇒「Loadイベント」の順で実行されます。

5-2 ビジネスコンポーネント (Business Component)

　2章ではプロシージャを使用したデータ更新の方法について解説しましたが、本項ではビジネスコンポーネントを使用したデータ更新方法について解説します。

　ビジネスコンポーネントは、トランザクションに対してプロパティを設定します。するとそのトランザクションに対しての一件検索・一件登録・一件更新・一件削除の機能を持つコンポーネント（部品）が自動的に生成されます。そのコンポーネントを画面やプロシージャ等から簡易に利用することができ、またプロパティによりWebサービス化することもできます。さらに、画面にビジネスコンポーネントを貼り付けることで、WebPanel＋ビジネスコンポーネントによる登録画面を簡易に作成することもできます。

5-2-1. ビジネスコンポーネント(Business Component)の使用方法

1. ビジネスコンポーネントを定義する

　ビジネスコンポーネントを使用可能にするには、データ更新を行う対象となるトランザクションオブジェクトのプロパティにて「Business Component」を"True"に設定します。

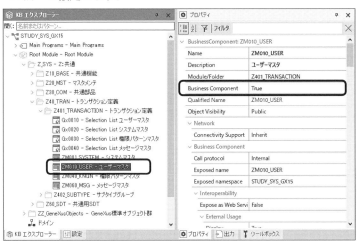

次いで、対象となるビジネスコンポーネントを変数のタイプとして定義します。

2. ビジネスコンポーネント(Business Component)を使用したデータ登録

　ビジネスコンポーネントを使用したデータ登録方法を解説します。1.で定義したビジネスコンポーネントの変数には対象となるトランザクション項目のプロパティとトランザクション操作のメソッドが用意されます。これらを使い対象トランザクションへのデータ登録を行います。

【ビジネスコンポーネントのプロパティおよびメソッド】

下図のWebFormを確認すると、ビジネスコンポーネントの変数を画面に貼り付けていることが確認できます。このように配置することで、ユーザの入力した値がそのままビジネスコンポーネントに格納されます。

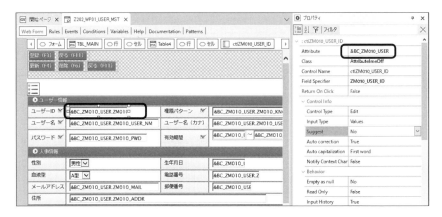

　Eventsタブを開き、BTN_REG_EXECイベントを確認すると対象トランザクションへの登録のロジックが記載されています。以下はロジックの抜粋です。

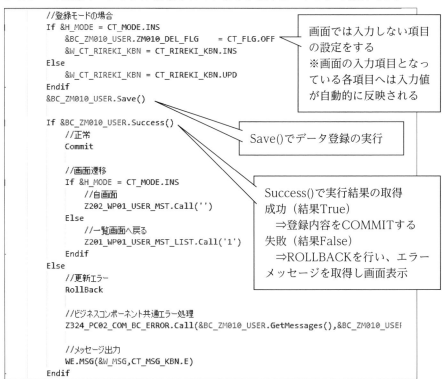

3. ビジネスコンポーネント(Business Component)を使用したデータ更新

続いてビジネスコンポーネントを使用したデータ更新方法を説明します。

```
//DBから画面編集
&BC_ZM010_USER.Load(&P_ZM010_USER_ID)

If &BC_ZM010_USER.Fail()
    //該当データ無し
    &W_MSG = Z305_PC01_MSG_GET.Udp('ZE00047','','','','','')    //メッセージ取得
    WE.MSG(&W_MSG,CT_MSG_KBN.E)
    &W_ERRFLG = True
    &H_MODE = CT_MODE.COMP
Else
    //未削除データチェック
    If &BC_ZM010_USER.ZM010_DEL_FLG = CT_FLG.ON
        &W_MSG = Z305_PC01_MSG_GET.Udp('ZE00046','','','','','')
        WE.MSG(&W_MSG,CT_MSG_KBN.E)
        &W_ERRFLG = True
        &H_MODE = CT_MODE.COMP
    Else
        //ロード時のリビジョンを画面に保持
        &H_ZM010_REV_NO = &BC_ZM010_USER.ZM010_REV_NO

        //初期表示フォーカス設定
        ctlZM010_KNGN_PTN_ID.SetFocus()
    Endif
Endif
```

- Load()でキー値を引数で渡し、更新対象となるレコードを読み込む
- Fail()でLoadの結果、データの有無を判断します。データが存在する場合は論理削除されたデータでないかのチェックを行う。

※更新部分のロジックについては、新規登録時と同様となります。

ビジネスコンポーネントでは、LoadせずにSaveした場合は新規登録となり、LoadしてSaveした場合は更新になります。

4. ビジネスコンポーネント(Business Component)を使用したデータ削除

ビジネスコンポーネントでデータ削除(物理削除)を行う場合は、Load()を行った後に、Delete()を実施します。

5. ビジネスコンポーネント(Business Component)のメリット・デメリット

GeneXusにてデータ更新を行う場合、「プロシージャを使用する方法」と「ビジネスコンポーネントを使用する方法」の2種類があります。それぞれに特徴がありますので開発時には用途に応じた選択を行う必要があります。ビジネスコンポーネントには以下のような特徴があります。

【メリット】
①ロジックを組み込むオブジェクトを選ばない。

　For Eachで直接更新を行う場合やNewコマンドはプロシージャにしか組み込むことができません。これはGeneXusの制限となります。そのため、ウェブパネルで登録画面を作成する場合は「ウェブパネル＋プロシージャ」の構成にするか、「ウェブパネル＋ビジネスコンポーネント使用」の構成にするかの選択となります。
　後者の方が作成するオブジェクトが少なくなります。

②一慣性に優れている。

　ビジネスコンポーネントでデータ更新を行う場合、対象となるトランザクションのRulesタブに記述したロジックも同時に実行されます。例えばユーザマスタのRulesタブに以下のように記述したとします。

　これはユーザマスタの作成・更新日時にシステム日付を登録していたり、登録・更新ユーザIDにログイン情報のユーザIDを編集していたりするのですが、この項目はビジネスコンポーネントの各利用者が記載しなくとも、Saveメソッドを実行したタイミングで処理されます。
　このように対象のトランザクションに対して一貫して行いたい処理はビジネスコンポーネントに指定したトランザクションオブジェクトにロジックを組み込むことで、共通的に処理させることが可能になります。

【デメリット】
①1件ずつの更新処理である。

　ビジネスコンポーネントはその操作特性上、更新時には1レコードずつの処理になります。よって一度に大量のデータ更新を行う場合は、For Eachでの直接更新のほうが優れています。

　以上を踏まえ、開発時にはどちらを採用するかを判断します。

5-3 セッション変数

　画面間、機能間でのデータの受け渡しが必要で、かつパラメータでのやり取りが難しい場合、または、システム内で共通的に使用したいデータを保持するためにセッション変数が利用できます。

　2章の伝票検索画面では、検索条件を入れたうえで「新規登録」ボタンで登録画面へ遷移して、伝票検索画面に戻った際には検索条件がクリアされているかと思います。入力された検索条件をセッションに保持して、戻ってきた際に再表示されるようにしてみましょう。

Step 1：単項目をセッション変数で受け渡す
①伝票検索（Kensaku）ウェブパネルのVariablesタブを開いて、「WebSession」タイプの変数を作成します。

名前	タイプ	Is Collect...	デスクリプション
▣ & Variables			
⊞ & Standard Variables			
● D_CustomerNm	Attribute:CustomerNm	☐	顧客名
● D_DenpyoDate	Attribute:DenpyoDate	☐	伝票日付
● D_GRD_DenpyoDate	Attribute:DenpyoDate	☐	請求日付
● D_RecordCnt	Numeric(4.0)	☐	データ件数
● SD_UpdDenpyoSDT_C	UpdDenpyoSDT	☐	SD_Upd Denpyo SDT_C
● SD_UpdDenpyoSDT_I	UpdDenpyoSDT.UpdDenpyoS...	☐	SD_Upd Denpyo SDT_I
● **WebSession**	**WebSession**	☐	**Web Session**

②追加ボタンイベントに、検索条件をセッション変数にセットする処理を記述します。

```
 5  Event 'Insert'
 6
 7      //検索条件をセッション変数へセットする
 8      &WebSession.Set('Key1', DtoC(&D_DenpyoDate))
 9      &WebSession.Set('Key2', &D_CustomerNm)
10
11      //伝票トランザクションへ
12      Denpyo.Call()
13
14  Endevent
```

③伝票検索画面を再表示した際に検索条件をセッションから取り出して編集するため、Startイベントに記述します。

```
36  Event Start
37
38      &D_DenpyoDate = CtoD(&WebSession.Get('Key1'))
39      &D_CustomerNm = &WebSession.Get('Key2')
40
41      &WebSession.Remove('Key1')
42      &WebSession.Remove('Key2')
43
44  Endevent
```

④保存後、「ビルド / 開発者メニューを実行(F5)」を行い、実行して動作を確認します。

Step 2：SDTをセッション変数で受け渡す

　セッション変数はVarchar（文字）のみ格納可能ですので、数値や日付の場合は、変換して格納する必要があります。それ以外のコレクションやオブジェクトなどは格納できません。SDTもオブジェクトになりますので、そのままではセッション変数に格納することはできません。そこでSDTのToXML、ToJsonメソッドが有効になります。

　SDTをToXMLすると、SDTの構造と格納されたデータを含めたXML形式の文字列が出力されます。ToJsonの場合はJson形式です。この出力された文字列であればセッション変数に格納することができます。

```
//SDTをセッション変数にセットする
&Session.Set('Key_SDT',&W_DenpyoKensakuSDT_C.ToXml())
```

```
//セッション変数からSDTを取り出す
&W_DenpyoKensakuSDT_C.FromXml(&Session.Get('Key_SDT'))
&Session.Remove('Key_SDT')
```

　但し、SDTがコレクションで大量のデータが格納される場合は、文字列といえどデータサイズが大きくなります。セッション変数に大きなサイズを格納すると、サーバリソースを消費することになりますので、注意しましょう。

5-4 JavaScript

本項ではウェブパネルにおけるJavaScriptの利用方法について説明します。GeneXusでJavaScriptを組み込むには2通りの方法があります。

Step 1：JSEventを使用する

JSEventを使用してJavaScriptの"onClick"、"onChange"イベントを呼び出すことが可能です。

イベント	対象コントロール
onClick	Edit , Button, Pictures, Bitmap タイプの Variable と TextBlock コントロール
onChange	Combo Box, Dynamic Combo, Listbox, Dynamic List Box コントロール

伝票検索（Kensaku）ウェブパネルのPDF印刷ボタンを押下すると、JavaScriptのonClickイベントに記述したconfirmメッセージが表示され、伝票一覧プロシージャが呼び出されるように作成します。

①伝票検索（Kensaku）ウェブパネルで印刷ボタンのControlName（btn_Print）を定義し、StartイベントにJSEventを記述します。

```
Event Start
    btn_print.JSEvent('onclick',"confirm('伝票一覧を作成します。\\nよろしいですか？')")
EndEvent
```

②保存後、「ビルド / 開発者メニューを実行(F5)」を行い、実行して動作を確認します。

Step 2:TextBlockのCaptionに記述する

伝票検索(Kensaku)ウェブパネル起動時に「ようこそ!」とダイアログ表示を行うように作成します。JavaScriptをTextBlockのCaptionに定義します。

①JavaScriptを定義するTextBlockをWebFormに配置し、FormatをHTMLに設定します。

②JavaScriptを文字列として格納するVariableを作成します。

- W_JSTxt　　　　　　VarChar(250)

③Startイベントにて①で作成したTextBlockのCaptionにJavaScriptを定義します。

```
&W_JSTxt = "<script language = javascript>"
         + "alert('ようこそ！');"
         + "</script>"
TextBlock_Js.Caption = &W_JSTxt
```

④保存後、「ビルド / 開発者メニューを実行(F5)」を行い、実行して動作を確認します。

Point

- 外部で作成したJavaScriptファイルの組み込み
  　　　Form.JScriptSrc.Add('example.js')

　　　　　生成されるHTMLは以下の形となる
　　　　　<script type="text/javascript" src="Silverlight.js"></script>

5-5 CSVファイルの読み込み／書き込み

本項では、GeneXusでのファイル操作について説明します。

Step 1：CSVファイルを読み込む

GeneXusでは、テキストファイルやExcelファイルなど多様なファイルについてファイル操作が行えます。

本項では、CSVファイルの扱いについて説明します。

①CSVファイルを開くにはDFROpen関数を使用します。ファイルパス、レコード長Max値、項目区切り文字、文字列の囲み文字、文字コードを指定します。

```
//ファイルオープン(ファイルパス、レコード長Max値、項目区切り文字、文字列の囲み文字、文字コード)
&fHandle = DFROpen(&P_CsvPath,1024,',','"','SHIFT-JIS')
```

②関数の戻り値で処理の成否を判定できます。「0」の場合はファイルオープンに成功、「0」以外の場合はファイルオープンに失敗しています。

③項目ごとにデータを読み込むにはDFRGTxt関数を使用します。引数に設定したVariableに読み込んだデータを格納します。また、この処理をCSVファイルの最終行までループさせるためにDFRNext関数を使用します。DFRNext関数の戻り値で実行状態を判定します。「0」の場合は正常にレコードを読み込んでいるため下記のように記述します。

```
//CSV終了までループ
Do While DFRNext() = 0
    //項目ごとに読み込み
    &fHandle = DFRGTxt(&W_CampaignId)     //キャンペーンID
    &fHandle = DFRGTxt(&W_CampaignNm)     //キャンペーン名
    &fHandle = DFRGTxt(&W_YukoFlg)        //有効フラグ
```

④CSV読込終了後、CSVファイルを閉じる場合はDFRClose関数を使用します。ファイルを閉じる処理を行わなかった場合、対象のファイルが使用状態でロックされたままになりますので、処理終了後は必ずファイルを閉じる処理を行ってください。

```
//CSVクローズ
&fHandle = DFRClose()
```

Step 2：CSVファイルを書き込む

①データを書き込むCSVファイルを開くにはDFWOpen関数を使用します。ファイルパス、項目区切り文字、文字列の囲み文字、追記モード、文字コードを指定します。

```
//ファイルオープン(ファイルパス、項目区切り文字、文字列の囲み文字、追記モード、文字コード)
&fHandle = DFWOpen(&P_CsvPath,',','',0,'SHIFT-JIS')
```

②DFWOpen関数の戻り値で成否を判定できます。戻り値が「0」の場合はファイルオープンに成功、「0」以外の場合はファイルオープンに失敗しています。

③取得したデータを項目ごとに出力するにはDFWPTxt関数を使用します。
書き込む項目がVarChar型の場合、DFWPTxt( )で項目のMaxバイト数を指定します。(画像2行目、3行目)

```
For Each Order CampaignId
    //キャンペーンマスタをファイル出力
    &fHandle    = DFWPTxt(CampaignId)
    &fHandle    = DFWPTxt(CampaignNm,40)
    &fHandle    = DFWPTxt(YukoFlg,1)

    //改行
    &fHandle    = DFWNext()
Endfor
```

④改行を出力するには、DFWNext関数を使用します。

⑤CSVファイルを閉じるには、CSV読込と同様にDFWClose関数を使用します。

```
//CSVクローズ
&fHandle = DFWClose()

//戻り値に正常値をセット
&W_Rtn = 0
Return
```

5-6 集計式

　Genexusでは、データを集計し合計や平均などの値を求めることが可能です。集計式にはSum, Count, Average, Max, Minの関数が用意されています。トランザクションの項目属性の「式」や、Events上で利用することができます。

　記述例：
　　COUNT(Attribute , conditions)
　　　　　Attribute　　：集計対象となる項目
　　　　　Conditions　：集計を行う条件

　　SUM(Attribute , conditions)
　　　　　Attribute　　：集計対象となる項目
　　　　　Conditions　：集計を行う条件

　Events上で利用した場合で、For each内で集計式を記述した場合は、上位のFor eachの影響を受けます。ビルド時のナビゲーションで仕様の確認を行ってください。

Point

For Each 内 / For Each 外のインライン式

5-7 正規表現

正規表現を用いた入力チェックが可能です。以下に電子メールアドレスの正規表現を例に挙げます。

例）電子メールアドレスの正規表現

¥w+([-+.']¥w+)*@¥w+([-.]¥w+)*¥.¥w+([-.]¥w+)*

¥w	文字（大文字と小文字）または数字を表します [a-zA-Z0-9]
+	1つまた複数字を意味します
()	グループ
[-+.']	- + . 'の文字列が含まれる
*	ゼロ以上

解釈: 電子メールアドレスは必ず文字または数字で始まりその文字数は1以上です。使用可能な文字は(-,+,.,')か、その続きは必ず"@"が必要です。最後はいくつかの文字が"."で分けられていて文字か数字が必要になります。

以下のようにIsMatchメソッドを使用して チェーン（文字列）が正規表現を満たしているチェックを行います。

```
&pattern = "\w+([-+.']\w+)*@\w+([-.]\w+)*\.\w+([-.]\w+)*"
If (&str.IsMatch(&pattern))
    &result = "マッチしました"
Else
    &result = "マッチしませんでした"
Endif
```

Point

正規表現 (RegEx)

5-8 デバッグモード

　GeneXusではデバックモードを使用することで、記述したコードのデバッグを行うことができます。デバッグしたいオブジェクトをデバッグ対象に含めてビルドを行うと、内部でデバッグ用の処理が含まれたソースが生成されます。そのソースがGeneXusIDEと連携を行い、実際のシステム動作とGeneXus上のコードのデバッキングを行います。

　このため、デバッグモードでビルドされたオブジェクトは実際の本番用のソースとは異なるという点にご注意ください。また、デバッグモードでビルドされたオブジェクトは動作が重くなりますので、必要なオブジェクトのみをデバッグ対象に含めるようにしましょう。

※デバッグを行う場合はGeneXusを一度閉じてから、「管理者として実行」で実行してください。

Step 1：リリースモードからデバッグモードへ変更する

ナレッジベース上部にあるリストを「Release」から「Debug」に変更することでデバッグモードへ変更することができます。リストを「Release」から「Debug」に変更してください。

デバッグモードを指定すると、「DebuGx」「ブレークポイント」と「ウォッチ」ウィンドウが表示されます。
・「DebuGx」はデバッグ対象としてオブジェクトの一覧が表示されます。
・「ブレークポイント」はブレークポイントを指定した機能の一覧が表示されます。
・「ウォッチ」はブレークポイントを指定し、実際に処理を止めている際の変数の情報を確認することができます。

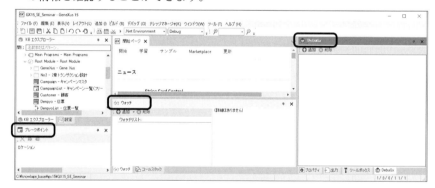

Step 2：ブレークポイントを設定して、デバッグを行う

　実際に、伝票検索SDT (Kensaku_SDT)の画面に対して、デバッグを実施してみましょう。
　ブレークポイントを設定したい部分を右クリックすると、上部に「ブレークポイントの設定・解除」が表示されます。ブレークポイントを設定すると、設定した行の背景色が変わります。もう一度指定することで解除もできます。

　ブレークポイントを設定すると自動的に「DebuGx」にオブジェクトが追加されます。
　設定後、伝票検索SDT (Kensaku_SDT)のビルドを行い、画面を起動してください。
　起動すると、画面の起動がブレークポイントで止まっていることが確認できます。

　上部のメニュー、またはショートカットキーでブレークポイントを動かして、デバッグを行うことができます。

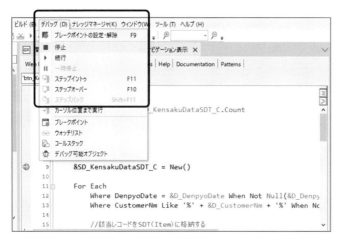

中断している箇所での変数の状態は、ウォッチに式を入れることで確認することができます。

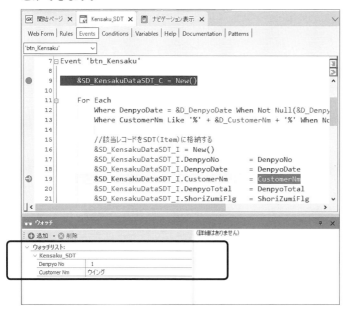

Step 3：デバッグの終了

デバッグが終了したら、Releaseモードへ戻してください。

デバッグモードで一度ビルドした場合は、必ずリリースモードで再度ビルドを行う必要があります。

リリースモードでビルドを行わないと、実行時にプログラムが途中で停止してしまう可能性があります。

5-9 バッチ処理・Webサービス

バッチ処理はプロシージャを使用します。ただし、デフォルトのプロシージャは呼び出すプログラムの内部の処理として扱われ、プロシージャのみを直接または単独で起動することはできません。プロシージャをバッチ処理として独立起動する場合、またはWebサービスとして直接アクセスする場合は対象のプロシージャのプロパティに右の設定を行います。

・プロシージャをバッチ処理として作成

・プロシージャをWebサービス（HTTP）として作成

上記以外にも、SOAPやEnterprise Java Beanとして作成することが可能です。

バッチ処理に対する、GeneXusの役割は「独立起動するプログラムを作成するまで」となります。そのプログラムを定時に実行する場合は、Windowsのタスクスケジューラや LinuxのCron、またはバッチジョブ管理ツールから呼び出してください。

6章 ナレッジ管理と開発基準

6-1 オブジェクトの履歴管理

　GeneXusではオブジェクト変更の履歴が管理されます。オブジェクトが保存されるごとに新しいバージョンが作成され、保存前の状態は読み取り専用として履歴に残ります。

1. 履歴の表示方法
　履歴を表示したいオブジェクトを右クリックして「履歴」を選択すると、更新履歴の一覧が表示されます。

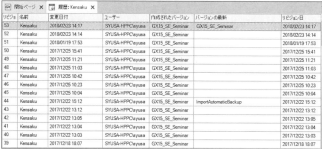

　履歴一覧をダブルクリックすると、読み取り専用でオブジェクトを開くことができます。

　履歴の一覧から対象となるバージョンを右クリック⇒「このリビジョンに戻す」を選択すると、そのバージョンを最新として扱うことが可能です。

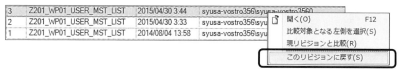

2. 差分の比較

①履歴から複数のオブジェクトを指定して、差分を比較することが可能です。
　履歴一覧で対象となるバージョンを右クリック⇒[比較対象となる左側を選択]を選びます。

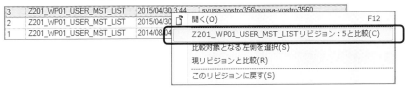

②続いて、①で選択したバージョンと比較したい履歴を右クリック⇒[XXXXXリビジョン99と比較]で選びます。

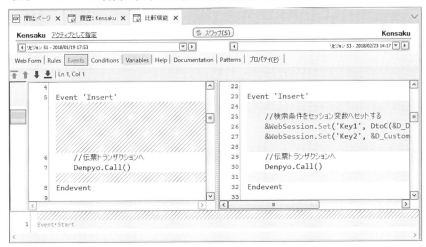

③新たに「比較機能」のタブが開き、①で選択したバージョンが左側、②で選択したバージョンが右側に表示され相違点の比較ができます。

6-2 オブジェクトの参照

GeneXusでは、指定したオブジェクトが「どのオブジェクトで使用されているか」、「どのオブジェクトを使用しているか」を確認することができます。また、オブジェクトだけでなくトランザクションの項目属性でも利用でき、保守メンテナンス時の影響調査に有益な機能となります。

1：参照の表示方法

左側に指定したオブジェクトを使用しているオブジェクト、右側に指定したオブジェクトが使用しているオブジェクトが表示されます。

6-3 ナレッジベースのバージョン管理

システム開発において、成果物のバージョン管理は必要不可欠です。お客様への納品環境や、特定顧客への特別バージョン、段階的なシステムのリリース等、それぞれの環境に応じたリリース状態を適切に管理する必要があります。

GeneXusではナレッジ単位でリリースバージョンの管理や、そこから派生する新規バージョンの作成が可能になっています。

例えば、以下のようなバージョン管理を行う場合を説明します。

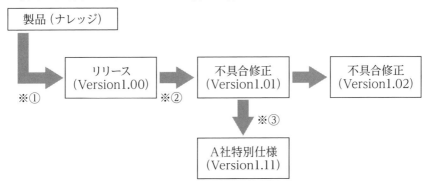

1. バージョンのフリーズ（Version1.00のフリーズ）

メニューバーの「表示 / バージョン」を選択して、「ナレッジベースバージョン」を表示します。まだバージョン管理がされていない状態ですと、現在開発中のナレッジ（ルートノード）が単体で表示されます。

上の図の例ですと、リリース直後の状態をVersion1.00（※①）としてフリーズする必要があります。このバージョンを保存する場合、ルートノードを右クリックして[フリーズ]を選択します。新規バージョンのダイアログで必要な情報を入力して[作成]するとフリーズされたVersion1.00が作成されます。

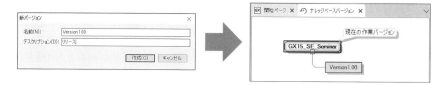

作成されたVersion1.00を右クリック⇒[アクティブとして指定]を選択することにより、読み取り専用でナレッジを参照することが可能です。

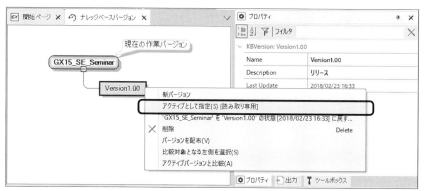

2. 変更可能な新規バージョンの作成

　リリースしたVersion1.00に不具合があったと仮定します。(※②) その場合に修正可能な新規バージョンVersion1.01を新たに作成します。Version 1.00を右クリックして、「新規バージョン」を選択すると、新たに編集可能な新バージョンのVersion 1.01を作成することができます。

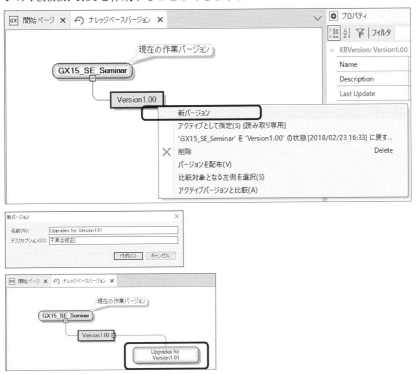

　仮に、1.01をリリースした後にA社向けに特別仕様のバージョンを作成する場合 (※③)、Ver1.0系とは別にバージョン管理を行わなければなりません。その場合も同様の手順で1.01をフリーズし、新規にA社向けバージョン1.11を作成することができます。

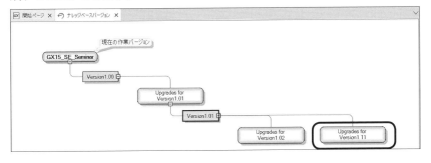

3.アクティブなバージョンの切り替え

それぞれ作成したバージョンのノードを右クリック⇒[アクティブとして指定]を選択することにより、作業を行うナレッジを切り替えることが可能です。

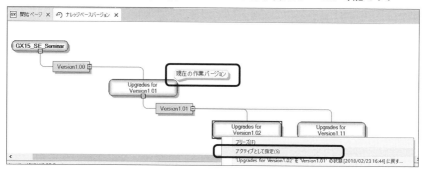

6-4 GeneXusServerを使用してシステム開発を行う場合の管理方法

6-4-1. ナレッジ共有のイメージ

　GeneXusではナレッジベース内の資源はデータベース情報として格納される仕組みとなっており、GeneXusServerを使用することにより、複数人でシステム開発を行う場合の資源管理・更新履歴管理を行うことができます。
※GeneXusServerは、別製品となりますので別途ライセンスが必要になります。

　以下の図は共同開発を行う場合の環境イメージです。GeneXusServerには共有するナレッジDBが作成され、各開発者のクライアントにはGeneXusとナレッジDB、および自動生成したプログラムソースとコンパイル後の実行ファイルが存在する形になります。

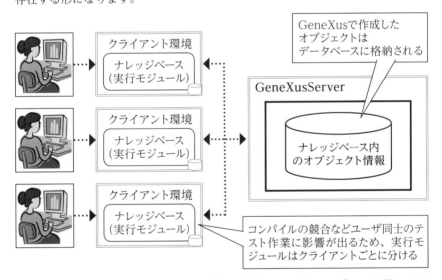

※システムDBの作成場所は、開発者ごと/共有サーバ上のいずれでも構いません。

6-4-2. GeneXusServerの機能

　GeneXusServerはチーム開発用のサーバ製品で、ナレッジベースをサーバリポジトリ上で管理し、サーバ上のナレッジベースへの更新作業をサポートするツールです。WindowsのIISにインストールするWebサービスツールのため、通信はhttpとなりますのでインターネット間での分散開発が可能です。

6-4-3. 共同開発環境（GeneXusServer）の利用

　ナレッジ共有を行う開発環境で利用できる機能について説明します。

1. GeneXusServer上でナレッジベースの管理を開始（初期設定）

　開発サーバにナレッジベースを送信し、ナレッジの共有を開始します。

　メニューバーの「ファイル / GeneXusServerにナレッジベースを送信」を選択して、GeneXusServerのURL・エイリアス・セキュリティを入力し、送信ボタンを押下します。

　これでナレッジベースがGeneXusServerへ送信され、GeneXusServerでの管理が開始されます。

2. GeneXusServerからナレッジベースを作成（新規クライアントの開発環境準備）

GeneXusServerに格納されているナレッジベース情報から新規でナレッジベースを作成します。

①メニューバーの「ファイル/ 新規 / GeneXusServerからのナレッジベース」を選択し、GeneXusServerのURLとセキュリティを設定後、接続ボタンを押下して利用可能なナレッジベースをロードします。
作成するナレッジベースを選択し、ディレクトリ等のナレッジベース情報を設定後、作成ボタンを押下します。

②ナレッジベースの作成完了後、ナレッジベースナビゲータでジェネレータやデータストアの設定を行い、ビルドをすればクライアントの開発環境の準備は完了です。

3. GeneXusServerへナレッジベースの更新（サーバにコミット）

①メニューバーの「ナレッジマネージャ / チーム開発」を選択すると、GeneXusServerの機能が表示されます。
「コミット」タブにクライアントが作成・更新したオブジェクトが一覧表示されます。

②サーバへコミットするオブジェクトにチェックを付け、コメントを入力後、コミットボタンを押下するとオブジェクトがコミットされ、他の開発メンバーの更新対象オブジェクトに表示されます。

4. GeneXusServerから更新（サーバから更新）

サーバ情報を基にナレッジを最新にする場合は、チーム開発の「更新」タブを表示し、更新ボタンを押下します。

変更されたオブジェクトが一覧表示され、更新されます。

5. インターネットブラウザからナレッジベース情報を閲覧

コミット履歴やナレッジベース内のオブジェクト情報などをインターネットブラウザから閲覧することができます。

6-5 GeneXusServerを使用しないでシステム開発を行う場合の管理方法

GeneXusでは、作成したオブジェクトを「.xpz」形式で取り出し(エクスポート)、他のナレッジベースへの取り込み（インポート）を行うことができます。ナレッジの共有をせずに複数人でシステム開発を行う場合は、この機能を利用し、それぞれの成果物をxpzファイルに出力して「最新ナレッジ」へ取り込み、管理を行います。

6-5-1. xpzファイルのエクスポート／インポート

1. エクスポートの手順

①メニューバーの「ナレッジマネージャ / エクスポート」を選択すると、[オブジェクトをエクスポート]ウィンドウが表示されます。「追加」ボタンを押すと[オブジェクトを選択]ウィンドウが開きますので、エクスポートしたいオブジェクトを選択して（複数選択可）「OK」ボタンを押下します。

※「更新の条件」をチェックすることで更新日付での絞り込みや、更新ユーザでの絞り込みが行えます。

② 選択したオブジェクトが表示されますので、「エクスポートファイル名」に出力するフォルダとxpzファイル名を入力して「エクスポート」ボタンを押すと、ファイルが出力されます。

2. インポートの手順

①メニューバーの「ナレッジマネージャ / インポート」を選択すると「オブジェクトをインポート」ウィンドウが開きます。「インポートするファイルの名前の入力/選択」で取り込みを行うxpzファイルを選択すると、「ファイル内のオブジェクト」にxpz内のオブジェクトがツリー表示されます。取り込みを行うオブジェクトにチェックを入れて「インポート」を押すと、取り込みが行えます。

※ツリー上のオブジェクトを右クリックで開いて内容の確認や、現在のオブジェクトとの「差分の表示」を行うことができます。

6-5-2. 開発オブジェクトの管理ルール

1. 最新オブジェクト管理（全資源の最新管理）

　全体の最新資源を管理するため、管理者を専任する必要があります。管理者は「最新ナレッジベース」の管理を行います。開発メンバーは作業の区切り（テスト完了等）のタイミングで、開発オブジェクト（xpz）を管理者に提出するようルール化します。管理者は、開発メンバーが提出してきた開発オブジェクト（xpz）を確認し、問題ないと判断した場合「最新ナレッジベース」へ反映（インポート）させます。

　他の開発メンバーは共有フォルダから自分に必要なオブジェクトを随時取り込む（インポート）ことで、各自のナレッジベースを最新状態に保つことができます。

（運用イメージ）

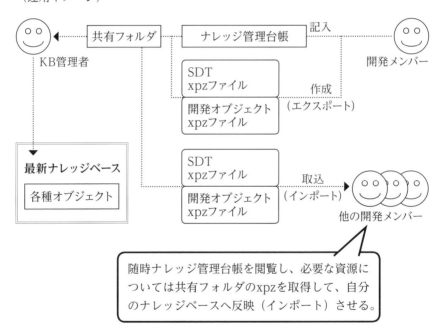

【注意】
※xpzの提出（エクスポート）時は、自分の作成オブジェクト以外が混ざらないように注意すること。（デグレード注意）
※xpzの提出（エクスポート）時は、開発中（ビルドやコンパイルが不完全）のものが、混ざらないように注意すること。

2. トランザクション管理（トランザクション、サブタイプ、ユーザインデックス等）

　トランザクションについては安易に変更すると様々なオブジェクトに影響を及ぼすため、慎重に管理する必要があります。トランザクション（サブタイプ、ユーザインデックスも含め）の作成や変更がある場合には、ナレッジベース管理者が最終確認を行った上で、最新ナレッジベースに反映し、物理ＤＢを再編成するかどうかを判断します。

（運用イメージ）

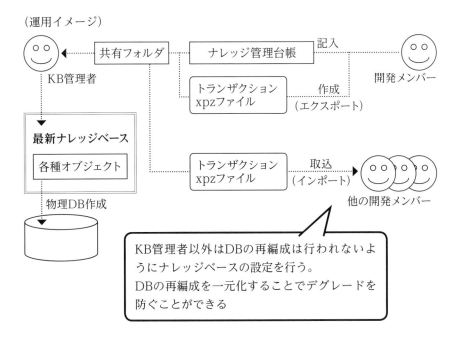

※ジェネレータのプロパティで「Reorganize Server Tables」を"No"にすると、ＤＢの再編成が行われなくなります。

6-6 開発命名規約例

　開発命名規約については生産性・保守性を主体に置き、以下のような取り決めを行うことが望ましいですが、規約で縛りすぎると生産性を損なう場合もあるため、内容によっては例外も認める必要があります。

6-6-1. データベース関連のオブジェクト名

【命名のポイント】
①どのシステムのトランザクションかが識別できること。(システム区分の付加)
②トランザクションの使用目的がある程度把握できること。(トランザクション種類区分の付加)
③開発途中でトランザクションの増減があっても、その後の命名に支障がないこと。
④式(Formula)付きのトランザクションは、本体のトランザクションが判断できるようにする。

Ｘ Ｘ 9999 ＿ DSP99

A B　C　　D　E

A：システム区分
B：トランザクション種類区分（表1-1参照）
C：連番（基本的に10単位で採番）
D：区切
E：Formula付きのトランザクションのみ "_DSP" + 任意連番

表1-1：トランザクション種類区分

トランザクションの種類	区分
コードテーブル	S
マスタ	M
トランザクション	T
ワーク	W

例）DM0010　⇒　Dシステムのマスタ0010

6-6-2. 項目属性（Attribute）

【命名のポイント】
①どのトランザクション内のAttributeか判断できること。(トランザクションIDによるPrefixの付加)
②同じ種類のAttribute間に名称の統一感を持たせること。

【補足】
　GeneXusで開発を行う場合、テーブル名を使用しないため、Attributeが同一だと、どのテーブル（トランザクション）のAttributeなのか判断するのが難しくなります。
　任意名称の前にトランザクション名を付けることで、開発効率を上げることができます。

XX9999 _ XX_XXX_XXX・・・

A　　　　B C

A：トランザクション名
B：区切
C：任意名称
　（Formulaが設定してある場合は、それを示す接頭辞を付加）

例) DM0010_DEN_NO ⇒ DM0010テーブルの伝票番号
　　DM0010_CUST_NM ⇒ DM0010テーブルの顧客名

6-6-3. オブジェクト名

【命名のポイント】
①名称からどの機能の管理配下にあるかが判断できるようにすること。（機能ＩＤ）
②名称からどのオブジェクトであるか判断できるようにすること。（オブジェクト区分）
③先頭部は整列用に英数字で構成し、後半部は機能のイメージが理解しやすい任意英数字で構成すること。

X9999 ＿ XX 99 ＿ XXXXXX･･･

A　　　　B C D E　　F

A：機能ＩＤ
B：区切
C：オブジェクト区分（表１－２参照）
D：連番（任意連番：場合により英字混在も可）
E：区切
F：任意英数字（機能がイメージできるように）

表１－２：オブジェクト区分

オブジェクト	区分
Web Panel	WP
Procedure	PC
Report	RP
Structured Data Types	SD

例）A1000_WP01_DENPYOKENSAKU
　　　　　　　⇒　機能ID：A1000の伝票検索処理のウェブパネル
　　A1000_PC01_DENPYO_UPD
　　　　　　　⇒　機能ID：A1000の伝票更新処理のプロシージャ
　　A1000_SD01_DENPYOKENSAKU
　　　　　　　⇒　機能ID：A1000の伝票検索処理のSDT

6-6-4. 変数（Variable）

【命名のポイント】
① 「画面［帳票］の表示用」・「内部作業用」・「引数」等々、使用用途が判断できるようにすること。（変数区分の付加）
② 開発時の使い勝手を考慮した命名をすること。
・1つの画面に同じ項目が複数存在する場合は、なるべく繰り返し項目として定義すること。
（プロパティの Dimensions を Vector にして、Rows に繰り返し数を設定）
・Variable変数を「変数を挿入」ウィンドウなどで表示させた場合、同じ用途の変数が固まるようにすること。
・項目属性を基にして作成したVariable変数の場合、どのトランザクションの配下の項目か判断できるよう、項目属性名が含まれるようにすること。

X _ XXXXXX　　　　　A：変数区分（表1−3参照）
A B C　　　　　　　　B：区切
　　　　　　　　　　　C：任意英数字（項目内容がイメージできるように）

表1−3：変数区分

変数種別	区分	補足
画面（帳票）表示用	D	画面・帳票の区別は特に行わなくてもよい。
モジュール内部作業用	W	受取引数については区別し、「W_PARM」のように命名するのが望ましい。
コンスタント定数用	C	条件判定などに使用する値が設定されている変数。
ストアドプロシージャの引数	P	制約上、ストアド側の引数と同一項目名にする必要がある。

例） D_DENPYO_DATE　　⇒　画面表示用「伝票日付」
　　 W_INIT_FLG　　　　⇒　内部作業用「初期フラグ」
　　 W_KINGAKU_SUM　　⇒　内部作業用「金額集計エリア」
　　 P_PROC_KBN　　　　⇒　引数「処理区分」
　　 W_SURYO_01
　　 W_SURYO_02　　　　⇒　明細データ退避用変数「数量(1)〜(3)」
　　 W_SURYO_03　　　　　　（使用目的による並び順を意識した例）

6-6-5. コントロール名

【命名のポイント】
①名称からどのコントロールなのかが判断できるようにすること。
②コントロール名の命名はコントロール制御の有無により適宜行うこと。

X _ XXXXXX　　　　A：コントロール区分（表1-4参照）
A B C　　　　　　　B：区切（省略可）
　　　　　　　　　　C：任意英数字（項目内容がイメージできるように）

表1-4：コントロール区分

接頭語	内容	
btn	Button	ボタン
txt	Text Block	テキストブロック
img	Image	イメージ
grd	Grid	グリッド
	Free Style Grid	
tbl	Table	テーブル

6-6-6. Subtype Group（サブタイプグループ）名

【命名のポイント】
どのトランザクション同士がリンクしているのかが判断できるようにすること。

SG _ XX9999 _ XX9999 _ 99　　A："SG" 固定
A B C　　　　D E　　　F G　　B：区切
　　　　　　　　　　　　　　　C：基本側のトランザクション名A～Fに準
　　　　　　　　　　　　　　　　じる（ただし区切は除外する）
　　　　　　　　　　　　　　　D：区切
　　　　　　　　　　　　　　　E：リンク先トランザクションオブジェクト
　　　　　　　　　　　　　　　　名A～Fに準じる（ただし区切は除外す
　　　　　　　　　　　　　　　　る）
　　　　　　　　　　　　　　　F：区切
　　　　　　　　　　　　　　　G：任意連番（同じトランザクション同士の
　　　　　　　　　　　　　　　　組み合わせが複数ある場合があるため）

例）SG_DT0010_ DM0020_01
　　⇒　DT0010トランザクションからDM0020マスタの社員マスタを参照す
　　　　るためのサブタイプ

6-6-7. Domain（ドメイン）名

ドメインの命名については自由とします。

【補足】
　ドメインの活用は、項目属性桁数の共通化や、区分値の共通化にメリットがある。ただし、以下のような弊害もあるため、ドメインを適用するかどうかの判断に関しては慎重に行う。

①項目属性桁数の定義にドメインを使用した場合、本当の属性・桁数が把握しにくくなる。
　　　⇒　実装記述時の生産性低下の可能性
②区分値にドメインを使用した場合、その本当の値が把握しにくくなる。
　　　⇒　データ作成時の生産性低下の可能性
③区分値にドメインを使用した場合、値の判定に常にドメイン定義が必要となる。
　　　⇒　実装記述時の生産性低下の可能性
④区分値にドメインを使用した場合、値の内容が変更（および追加、削除）される度に再ジェネレートが必要となる。
　　　⇒　検証作業時の効率低下の可能性
　　　⇒　本番後の運用サポート作業における効率低下の可能性

6-6-8. フォルダ名

システムの規模が大きくなるにつれて、管理するオブジェクトの数も増えていきます。

それらを機能単位にフォルダ整理することにより、管理や開発の効率が向上するためフォルダ管理を推奨します。

※フォルダ名の先頭は必ず英字である必要があるため注意。

●最上位～途中階層のフォルダ
【命名のポイント】
　階層を整理すること。

X _ 999 _ XXXXXX‥　　A：システム区分
A B C　D E　　　　　　B：区切
　　　　　　　　　　　C：階層番号（000、100、110‥‥）
　　　　　　　　　　　D：区切
　　　　　　　　　　　E：任意英数字（フォルダ内容を識別できる文言）

●最下層（機能単位）のフォルダ
【命名のポイント】
　フォルダ内の機能が識別できること。

X9999　　　　　　　　A：機能ID（基本的に1機能1フォルダ）
A B　　　　　　　　　B：

＜フォルダ階層例＞

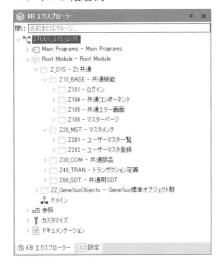

7章 | GeneXus サポート機能

7-1 外部データベースの利用

7-1-1. データビュー（Data View）とは

　Data ViewはGeneXusのオブジェクトの1つで、外部データベースの「テーブル・View」とGeneXusのオブジェクトを繋ぐ役割をします。

＜イメージ＞

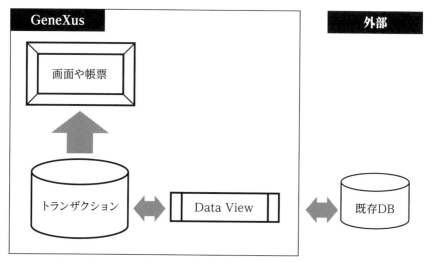

＜使用例＞
1．外部に既存DBがあり、それを使用してGeneXusの画面や帳票を作りたい場合。
2．外部のDBテーブルにアクセスしてデータを引っ張ってきたい場合。
3．既存のDBがあり、今回追加する分はGeneXusの管理としたいが、既存のDBを再構成されては困る場合。
4．DBのViewを使用したい場合。

7-1-2. リバースエンジニアリングツール（Database Reverse Engineering Tool）

データベースリバースエンジニアリングツールとはGeneXusに統合されているツールで、外部のDBテーブルを参照してData Viewオブジェクトを作成し、GeneXusへの取り込みを行います。Data View作成の手間を軽減させてくれるツールです。以下に既存DBからテーブルを読み取り、Data Viewおよびトランザクションを作成するまでの流れを説明します。

1. リバースエンジニアリングツールを使用したテーブルの取り込み方法

①「ツール / データベースリバースエンジニアリングツール」を選択します。

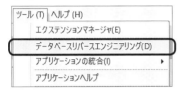

②取り込みたいDBへの接続情報を設定し[Next]を押下します。

③Data Viewとして取り込みたいテーブルを左欄より選択し、「＞」を押下します。選択したテーブルは右欄に表示されます。ZM010_USERを選択してください。

④レポートタブに取り込まれる内容が表示されます。

⑤設定タブやルールタブで各種調整が行えます。

<Transactionsを生成>
　Data View作成と同時にそのData Viewに紐づくトランザクションを作成します。
<名称変更ルール>
・Prefix only when needed：
　項目名が重複する物に関して、テーブル名＋項目名 として取り込むことでテーブル間の関連を一旦なしとします。
・Prefix always：
　項目名を、テーブル名＋項目名 として取り込み、テーブル間の関連を一旦なしとします。
<名前区切り>
　項目名をテーブル名＋項目名として取り込む場合、テーブル名と項目名の間の区切り文字を設定します。
<ルールタブ>
　項目属性の名称変更や置換、データタイプの変更を行うことができます。
　項目名の重複、不明なデータタイプ等のエラーが発生した場合は、ここで調整します。

⑥[終了]ボタンを押すと、指定したテーブルが取り込まれ、Data Viewとトランザクションが作成されます。

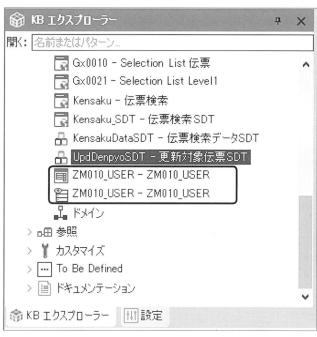

⑦Data ViewのStructureタブには構造・プラットフォームが、Indexesタブにはインデックスが定義されます。

「内部名」がGeneXusの項目属性となり、「外部名」が実際の項目名となります。もし外部DBの構造が変更された場合は、DataViewオブジェクトの「外部名」を修正するか、再度取り込み直しを行う必要があります。

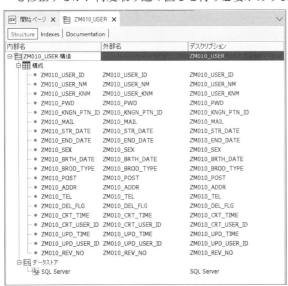

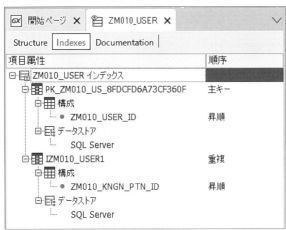

⑧テーブル同士の関連を一旦なしで取り込んだ場合は、項目属性名・サブタイプグループを調整することで、GeneXusとしての関連付けを設定していくことができます。

2. データストアを設定する

　ここまでの状態では、Data Viewの接続先はDefault（自ナレッジベース）データベースの状態です。外部のDB上のテーブルを使用する場合は、データストアを追加し、Data Viewの接続先に追加したデータストアを設定します。

①KBエクスプローラーの設定からデータストアを右クリック⇒[新規データストア]⇒[SQL Server]を選択し、データストアを追加します。

②追加したデータストアのプロパティを開き、接続情報を設定します。

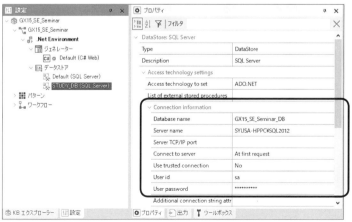

③作成された「ZM010_USER」DataViewのプロパティを表示して、[Data Store]プロパティに追加したデータストアを設定します。これによりData Viewにアクセスした場合の接続先がデータストアで設定した接続先になります。

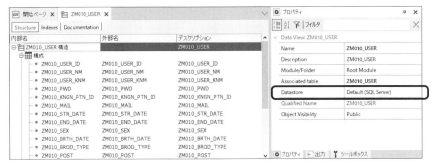

④ビルドを行います。

この時、新規に外部テーブル用のトランザクションが作成されたため、データベースを解析して分析結果が表示されますが、関連付けされたData Viewが存在するため再編成は行われません。つまり、テーブルが新たに作成されることはありません。(Data View：Associated talbe プロパティにより関連付けされている)

よって、外部のDBには影響を及ぼさずにDBアクセスが可能になります。

「続行」ボタンを押してビルドを続行してください。

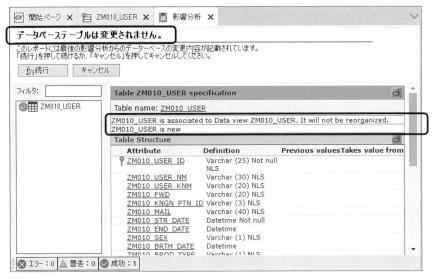

⑤開発者メニューを実行して、トランザクション画面を表示します。外部のDBの情報へアクセスできるようになっていることを確認してください。

7-2 多言語対応

GeneXusにはシステムを国外向けに利用できるようにローカライズするための機能があります。ナレッジベースの設定によって、「静的」な言語設定と「動的」な言語設定が選択できます。

7-2-1. 静的な言語設定

①KBエクスプローラーの[カスタマイズ - ローカライズ]を表示してください。初期はJapaneseがチェック済みになっています。Englishにチェックを入れてみることでEnglish用の辞書が用意されます。

②Englishをダブルクリックすると、ローカライズのメンテナンス画面が表示されるので、フィルタに「キャンペーン」と入力してください。

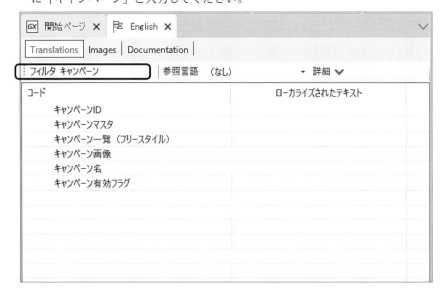

この内容がナレッジベース内で定義したオブジェクト・項目属性・変数のデスクリプション、Eventsやソース上に記述したリテラル文字列などをGeneXusが抽出した結果となります。「ローカライズされたテキスト」側に翻訳する内容を設定すれば、そちらの内容でシステムが作成されます。

以下の形で言語設定を行って、保存してください。

コード	ローカライズされたテキスト
キャンペーンID	CampaignId
キャンペーンマスタ	CampaignMst
キャンペーン名	CampaignName

③ツールバーを右クリックして「設計言語」を選択して、現在の設計言語を確認してください。

④KBエクスプローラーからCampaignトランザクションを選択して、WebFormタブを表示してください。

⑤設計言語をEnglishに切り替えると、言語をEnglishにした場合の表示が確認できます。

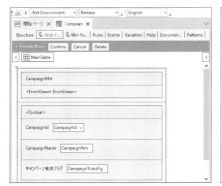

⑥静的な言語設定の場合は、KBエクスプローラーの設定からEnvironmentのプロパティで、[Translation type]を[Static]に設定して、「Translate to language」に言語を設定することで、ビルドの際に指定された言語での生成が行われます。

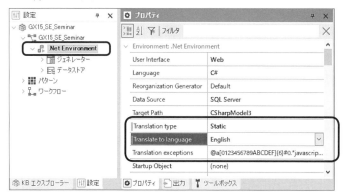

このように静的な言語設定の場合は、Japanese用システムとEnglish用システムの2つのアプリケーションが生成されます。動的な言語設定の場合は1つのアプリケーションで、言語を切り替えていきます。

Point

- ローカライズオブジェクトのプロパティから各言語の日付の表示形式、金額の区切り文字の形式が設定可能
- GeneXusのローカライズ機能は画面やシステム上の定数値の調整になります。実際のシステムで多言語対応を行う場合は、システムデータの日本語（マスタの名称やユーザの入力値など）の考慮が必要になりますので、設計の際に注意してください。
- EventsやSource上で記述したリテラル文字列について、多言語対応の対象から外したい場合は、文字列の前に！（ビックリマーク）を記述することで対応可能です。

&W_MSG ＝ !'このメッセージは多言語対応の対象外です。'

7-2-2. 動的な言語設定

　動的な言語設定を行う場合は、KBエクスプローラーの設定からEnvironmentのプロパティで、[Translation type]を[Run-time]に設定してビルドします。後は、EventsやSource内で「SetLanguage」コマンドを実行することで、画面に表示される言語が切り替わります。

　SetLanguageコマンドで設定した内容はWebセッション内に保持されますので、以降の画面や処理で引き継がれます。基本的な使い方としてはログイン画面でログインユーザによって切り替えるか、ヘッダーの言語切り替えで切り替えを行うことになります。

　注意点として、動的な言語設定の場合、ローカライズファイルがシステム上に保持され、画面や処理の度にファイルへアクセスすることなりますので、言語量が多くなるとそれだけ動作レスポンスに影響がでてきます。切り替えの必要がないリテラル文字列は対象外にするなどの考慮を行ってください。

7-3 外部機能の取り込み

　GeneXusではExternal Objectを使用することで、外部のプログラムを利用できます。C#.NETで開発されている場合はアセンブリ (.dll)、Javaで開発されている場合は Java クラスやEnterprise Java Beans (EJB)を使用できます。また、DBのストアドプロシージャも呼び出すことができます。

7-3-1. C#.Netでのdllの取込例

①ツール→アプリケーションの統合→.Netアセンブリインポートを選択します。

②インポートウィザードが表示されます。取り込みを行うdllを指定します。

③必要に応じて、接頭語やオブジェクトの保存先を選択してください。

④ナレッジベース内で使用するメソッドを選択し、インポートを行います。

⑤正常にインポートが終了すると、External Objectが作成されます。External Objectには、各メソッドの名称、引数、戻り値が設定されています。

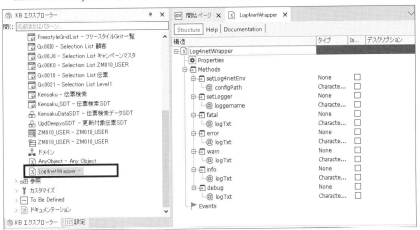

⑥インポートしたExternal Objectを使用するには、画面やプロシージャのValiableタブで変数のタイプにExternal Objectを設定することで、EventsやSource内で利用することができるようになります。

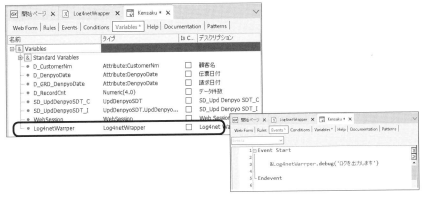

7-3-2. ストアドプロシージャの取込例

　ストアドプロシージャの場合は、「アプリケーションの統合」から取り込むのではなく、新規でExternal Objectを作成し、設定を行う必要があります。

①ストアドプロシージャ用のExternal Objectを新規作成します。

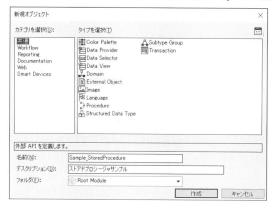

②作成したExternal Objectのプロパティを編集します。
　Type：Stored Procedure
　Datastore：ストアドプロシージャが存在するDBへの接続データストア

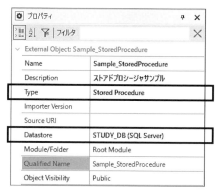

③ストアドプロシージャの名称、引数、戻り値を設定することで、利用可能となります。

7-4 パターン（Patterns）

アプリケーションの開発では、アプリケーションの一部が、まったく同じではないがよく似ているということがあります。例えば、グリッド、データをフィルタリングするための条件、並べ替え、アクションなど、各機能で内容は違いますが、共通する点が多数あります。この共通する点を整理して定義し、展開することができるのが「パターン」の機能です。パターンを適用することで、作業効率およびアプリケーション品質の向上を実現することができます。

GeneXusに標準で定義されているパターンは、Work WithとCategoryとWork With for Smart Devicesの3種類が存在します。ここでは、Work Withについて紹介します。

7-4-1. Work Withパターンの適用

Work Withパターンはいわゆるマスタメンテのような一覧・登録・参照の画面機能を実現します。

対象のトランザクションに対して一覧画面を作成し、一覧から追加・修正・削除モードにて対象トランザクションのWebFormを表示するための画面遷移を設定します。また、関連付けが行われている各テーブルについても一覧画面を作成し、選択したレコードが使用されている関連テーブルの情報を抽出表示する画面を作成する機能です。

①KBエクスプローラーからキャンペーンマスタトランザクションを選択して、「Patterns」タブを開き、「Work With for Web」タブを表示します。

ここに表示される内容がパターン設定となり、オブジェクトの保存時にパターン設定に従って各種オブジェクトが作成・更新されます。

②「Work With for Web」タブの下の「保存時にこのパターンを適用」にチェックを入れ、保存します。

③KBエクスプローラーでキャンペーンマスタトランザクションの配下にWork Withオブジェクトと生成された各オブジェクトが確認できます。

④ビルドを行い実行すると、開発者メニューに「WWCampaign」が作られています。これを選択すると、以下のような画面が確認できます。対象となるトランザクションの一覧画面と詳細画面への画面遷移、選択したレコードにて抽出した関連テーブルの一覧画面です。

【一覧画面】

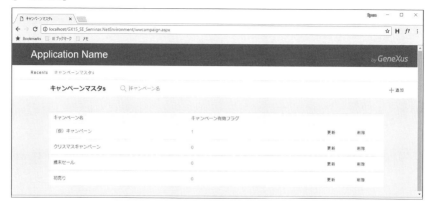

【登録画面】

【参照画面】

7-4-2. Work Withパターンの共通設定

KBエクスプローラーの設定から、パターンのデフォルト設定を変更することができます。

①KBエクスプローラーの設定からパターンの[Work With for Web]をダブルクリックして表示します。

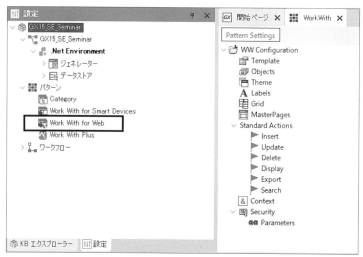

②Pattern Settingsに設定した内容が、Work With for Webパターンのデフォルト設定として適用されます。

例としてExportのプロパティを表示して、[Enabled by Default]プロパティをTrueにして、保存してください。

これでExcel出力ボタンがデフォルトで用意されます。

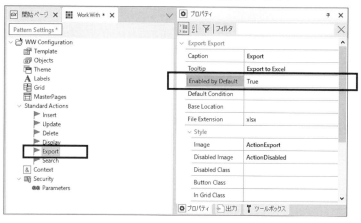

③デフォルト設定側を変更した場合は、再度パターンを適用し直す必要があります。

KBエクスプローラーからWorkWithCampaignオブジェクトを右クリックして、「パターンを適用」を選択してください。

④保存してビルドを行い、画面を実行してください。

EXPORTが追加されており、Excel出力ができるようになっています。

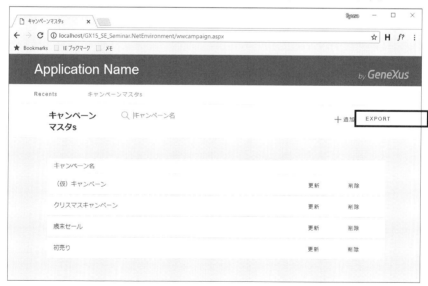

7-4-3. Work Withパターンの画面カスタマイズ

各トランザクションのWork With for Web のタブで設定できる内容を抜粋いたします。

分類	設定項目	用途
Selection		選択したトランザクションの一覧画面の設定を行います。
	Modes	画面で行える操作の種類の設定を行います。 Insert、Update、Delete、Display、Export の操作を使うかどうかを設定します。
	Attributes	画面上に表示する項目の設定を行います。 項目の追加・削除を行うことができます。
	Orders	画面上に表示する項目の表示順の設定を行います。 表示順の追加・削除を行うことができます。
	Filters	一覧画面に表示するレコードの絞り込み項目と、絞り込み条件の設定を行います。 絞り込み項目の追加・削除と、それぞれの項目に対する条件の設定が行えます。
	Actions	画面で行う操作の設定を行います。ボタン押下時の動作や、グリッドの行選択の可否、操作時に呼び出すオブジェクトなど、様々な設定を行うことができます。
View		選択したレコードとそれが使用されている関連テーブルの情報をタブ表示します。
	Parameters	画面が受け取るパラメータの設定を行います。
	Fixed Data	関連テーブルの一覧画面へ遷移する際のリンク項目を設定します。
	Tabs	関連テーブル毎に作成する一覧画面の設定を行います。それぞれの Tab に対して、Parameters、Modes、Attributes、Orders、Filters、Actions の設定が行えます。 (それぞれの設定内容は Selection と同様)

Point

- Work Withで自動生成されたオブジェクトに対して個別に変更を行った場合は、自動生成の対象から外れます。
- トランザクションオブジェクトのRules、Eventsには以下の記述がされます。

```
 1 /* Generated by Work With Pattern [Start] - Do not change */
 2 [web]
 3 {
 4 parm(in:&Mode, in:&CampaignId);
 5
 6 CampaignId = &CampaignId if not &CampaignId.IsEmpty();
 7 noaccept(CampaignId) if not &CampaignId.IsEmpty();
 8 noprompt(CampaignId);
 9 }
10 /* Generated by Work With Pattern [End] - Do not change */
11
```

Start〜End以外の箇所には自由に記述を入れることができます。
Start〜End内を書き換えた場合は、次のパターン適用の際に消されてしまいます。

- 「GeneXus Platform SDK」を使用することで、パターン自体を自分で作成することも可能です。
「GeneXus Platform SDK」はGeneXus Tecnicalサイトよりダウンロードできます。(最終頁の補足を参照)

- 「WorkWithPlus」を使用すると、より自由度が高いパターン機能を作成することができます。
※WorkWithPlusは、別製品となりますので別途ライセンスが必要になります。

7-5 ユーザコントロール

　ユーザコントロールはトランザクションオブジェクトやウェブパネルオブジェクト画面に定義できるウェブコントロールです。メーカーが提供している物もありますが、ユーザ自身が作成したり、他の開発者が作成したコントロールをインストールして使用したりすることも可能です。

・GeneXusインストールフォルダのUserControlEditor.exeがユーザコントロールの作成エディタとなります。
・GeneXus Market Placeでは、GeneXusの利用者が作成したユーザコントロール等が公開されており、無料でダウンロードすることができます。（GeneXusアカウントの登録が必要です）

7-6 GeneXus Access Manager(GAM)

　GeneXus Access Manager（以下、GAM）とは、GeneXusで開発したアプリケーションに対して、認証や権限といった機能を簡易に組み込むためのモジュール群です。GAMが提供するAPIによって、GeneXusアプリケーション（Webアプリケーション、スマートデバイス用アプリケーション）のセキュリティ管理を行うことができます。本項では、GAMの基本的な機能を紹介します。

※C#にてGAMを使用する場合、Microsoft IIS URL Rewriteをインストールする必要があります。

7-6-1. GAMの導入方法

①GAMを導入するには、KBエクスプローラーの設定から、Versionプロパティの [Enable Integrated Security]プロパティをTrueに変更します。

※インストールが完了した状態でも、[Enable Integrated Security]プロパティがFalseになってしまっていることがあります。Falseになっている場合、Trueに変更してください。

②次にGAMの有効化ウィンドウが表示されますので、[インストール]ボタンを押してGAMの最新モジュールをインストールします。

③インストールが完了す
ると、GAM APIの外
部オブジェクト、サン
プルのオブジェクト群
が組み込まれます。

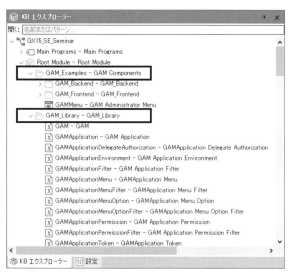

④ビルドメニューより[すべてリビルド]を実行し、オブジェクトの再生成を行います。GAMを初めて利用する場合、GAMデータベースを作成するかの選択が表示されるので、「はい」を選んでデータベースを作成します。

⑤GAMを適用すると、オブジェクトにセキュリティ管理が追加されます。
　ウェブパネルオブジェクトのプロパティを表示して[Integrated Security Level]プロパティを確認してください。

⑥[Integrated Security Level]プロパティが「None」の画面は認証なしとなります。「Authentication」の画面は認証あり、「Authorization」の画面は認証ありかつロール＆アクセス許可制限となります。

デフォルトは「Authentication」となっています。
すると最初にGAMのログイン画面が表示されます。

デフォルトユーザとしてUserName：admin、Password：admin123が用意されてますので、ログインして下さい。
一度ログインすると同一セッション内では認証が必要なくなります。
このようにGAMを適用した場合は画面の初期処理で認証を行い、それに従って画面が表示されます。

また、ログイン画面や後述の管理画面はGAMのサンプルモジュールとして用意されていますので、コピーやカスタマイズを行うことができます。

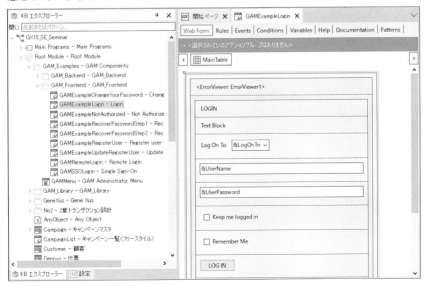

7-6-2. GAM Web Backoffice

　GAMでは、リポジトリのユーザ、ロール、セキュリティポリシーなどを管理するための「GAM Web Backoffice」機能が用意されています。

　開発者メニューから「GAM Home」を選択して、管理画面を表示してください。

・GAM WebBackOfficeのメニュー

　メニューの項目をクリックすることで、それぞれの画面が展開され、設定を行うことができます。

　以下に、基本機能を説明します。

①Users

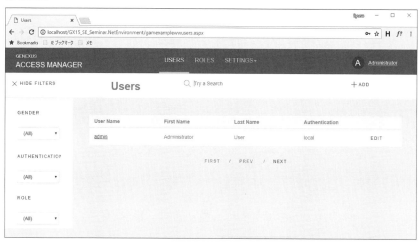

　Usersでは、GAMのユーザ情報の追加・編集・削除が行えます。編集ではユーザの個人情報のほかに、アカウントの有効・無効、パスワードの変更に関する設定、セキュリティポリシーなどの設定が行えます。

②Roles

　Rolesでは、ロールの追加・編集・削除が行えます。
　ロールとは、アプリケーションのアクセス許可をグループ化したもので、ユーザと関連付けることでロールに関連付けられたアクセス許可を間接的にユーザに関連付けることができます。

③Security Policies

　Security Policiesでは、セキュリティポリシーの設定の追加・編集・削除が行えます。
　セッションタイムアウトや、パスワードの変更期限、パスワードの文字数の最小値などが設定できます。

8章 スマートデバイスジェネレータ

8-1 スマートデバイスの基本構成

GeneXusでスマートデバイスジェネレータを選択した場合、KBエクスプローラーの設定は以下のようになります。

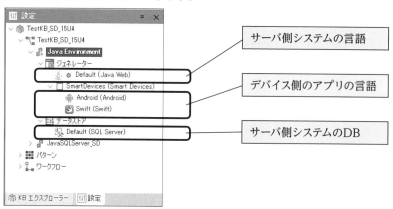

実際にビルドを行って、システムを生成した場合の基本構成が以下となります。

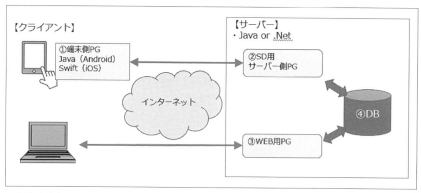

- 「①端末側PG」はGeneXusでAndroidを生成するか、Swiftを生成するか、両方とも生成するかをプロパティで設定します。各端末にインストールして動作させるネイティブアプリとなります。
- 「②SD用サーバ側PG」は"①端末側PG"からの呼び出しによって動作するWEBアプリケーションで、ビジネスロジックやDBアクセスなどの処理は基本的にサーバ側で実装されます。
- 「③WEB用PG」はこれまでの講習で作成したWEBアプリケーションと同様のもので、併せて生成されます。

基本構成を見ていただいた通り、GeneXusのスマートデバイスではサーバ側のシステムも併せて構築されます。そのためGeneXusでは端末内でのみ動作するアプリを構築することはなく、必ずサーバとセットで生成されます。

　また、GeneXusでは端末がネットワークに接続されていない状態でも動作できるように、オフライン対応をさせることもできます。その場合には以下の構成に切り替わります。

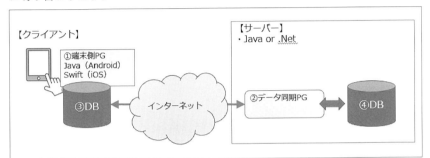

8-2 構築準備

　スマートデバイスアプリを作成する場合、環境の準備がいくつか必要となります。
＜共通＞
　　1)端末とサーバ側が通信できる状態にする
　　　　A案： 端末側がサーバ側と同じLAN上にアクセスできるようにする
　　　　　　　（Wifiで接続）
　　　　B案： サーバ側をインターネットに公開して、端末側（4G回線）から
　　　　　　　のアクセスを可能とする
　　※シミュレータで実行することも可能ですが、動作が重いことと実際の操作
　　　感が表現できないため、実機での確認をおすすめします。

＜Androidの場合＞
　　2)Android SDK：GeneXus開発PCにインストールが必要（ビルド時に使
　　　　　　　　　　用する）

＜iOSの場合＞
　　3)Mac：GeneXus開発PCからアクセスできる環境に配置（ビルド時に使用
　　　　　　する）
　　4)Apple Developer ID：AppleStoreからアプリを公開してインストール
　　　　　　　　　　　　　　させるために使用する

　実機で実際に動作させるにはこのような準備が必要となりますが、プロトタイプとして実施する場合には、簡易に動作させる方法もあります。後述のプロパティとツールを確認ください。

8-2-1. Deploy to cloudプロパティ

ジェネレータプロパティに「Deploy to cloud」があります。こちらをYesにした場合、GeneXus社が公開しているクラウドサーバ上にデプロイして、システムを実行することが可能になります。※自動的にDeploy Server URLやWeb Rootプロパティに値が設定され、データベースはMySQLに固定されます。

クラウドサーバですので、インターネット上に公開されており、スマートデバイス端末からも4G回線でアクセスが可能になりますので、スマートデバイスアプリを簡易に確認したい場合などに非常に便利です。

注意点は、無償で一般公開されているサーバになりますので、一切の保証がありません。突然動かなくなることも考えられますのでご注意ください。また、利用にはGeneXus社の本国サイトでのユーザ登録が必要になります。

8-2-2. Knowledge Base Navigator

iOSアプリを作成する場合はMacが必要となりますが、プロトタイプとしてMacがない状態でもGeneXusアプリを確認できますがそのツールがGeneXus Knowledge Base Navigator（KBN）になります。

Androidはアプリを簡易にインストールできるため用意されませんでした。

使用方法としてはKBNをApple Storeからダウンロードしていただき、GeneXusをビルドした後に表示されるDeveloperMenu内のQRコードをKBNから読み込ませることで、端末側のアプリの代わりをKBNが行います。

画面の見た目、振る舞いなどはかなり再現できますが、実際に動作するアプリとは異なるプログラムで動作していますので、あくまでもプロトタイピング時の利用とお考え下さい。

また、オフラインアプリケーション、外部オブジェクト等は利用できません。

8-3 簡易サンプルの作成手順

スマートデバイスジェネレータを使って最も簡単にシステムを作るにはパターン機能の「Work With for Smart Device」を利用します。作成手順と生成されるサンプルを以下に記載します。

①トランザクションからパターンを選択して、「Work With for Smart Device」を適用します。

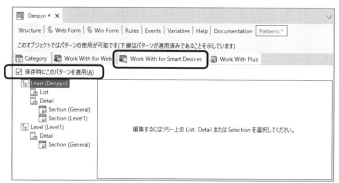

②該当トランザクションの検索画面、表示画面、登録画面が作成されます。
画面レイアウトはデバイス毎や縦横・サイズ毎にも設定可能です。

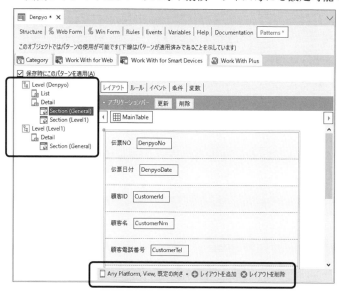

③Menu for SmartDevicesオブジェクトを新規作成して、②で生成した Workwith Smart DeviceオブジェクトをActionに追加します。(Menu for SmartDevicesオブジェクトはアプリのメニューの役割であり、メインオブジェクトとなります)

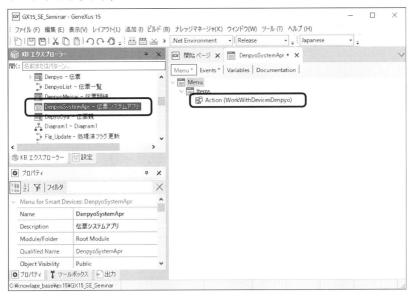

④アプリの準備は完了になります。ビルド環境・実行環境を整えたうえでビルドを行います。

<生成されるアプリ(Android版)>

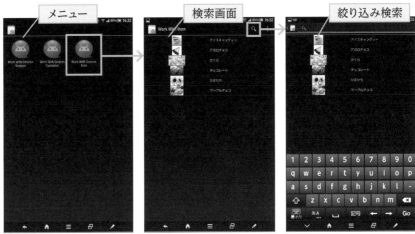

＜生成されるアプリ（Android版）＞

9章 レスポンスを考慮した開発テクニック

9-1 レスポンスの注意点

アプリケーション開発において、レスポンスは重要なポイントです。
本項では、GeneXusの特性をふまえ、レスポンス向上のためのポイントをいくつかご紹介します。

9-1-1. トランザクションの関連を正しく適用し、活用する

GeneXusは、データの処理においてデータモデルを元にSQLを生成し、データ取得を行います。

この際、トランザクションの関連を正しく適用することで、レスポンスが向上することがあります。

例1　売上データが持つ商品コードから、商品マスタの商品名を取得したい場合

```
①売上データと商品マスタに
  関連がない場合

For Each
  Where URI_DATE <= Today()

  For Each
    Where SHIN_CD = URI_SHIN_CD
    //抽出対象
    &NM = SHIN_NM
  EndFor

EndFor
```

```
②売上データと商品マスタに
  関連がある場合

For Each
  Where URI_DATE <= Today()

  //抽出対象
  &NM = SHIN_NM

EndFor
```

上記の例1の、①の処理では、抽出条件にあう売上データを抽出した後、商品マスタの抽出を行います。そのため、②の処理で抽出した場合に比べると、SQLの実行回数が大幅に変わります。

たとえば、売上データが1000件あった場合、②の処理では売上データ＆商品マスタの抽出を1回行えばよいところを、①では売上データの抽出を1回と、商品マスタの抽出を1000回行う必要があるため、速度低下の要因となります。

このように、複数のトランザクションを紐づけて（結合して）抽出する場合には、サブタイプなどを利用してそれぞれのトランザクションに関連を作成することで、不要な処理を行わずに抽出処理を行うことができます。

また、開発者が関連に気づかずに①のように記載した場合、動作は正しく行われますが「レスポンスが遅い」といった状態になりますので、開発者はデータモデルを把握したうえで、不要なFor Eachを記載しないように記述を行う必要があります。

また、どうしてもサブタイプを利用できない項目を抽出する場合、ベーステーブルを複数指定することで、For Eachを入れ子にせずにデータの抽出を行うこともできます。

GeneXusのFor Eachでは基本的に記載された内容から自動的にベーステーブルを分析・判断しますが、ユーザが明示的に抽出対象のベーステーブルを指定することもできるようになっています。
GeneXus X Ev3以降では、このベーステーブルを複数指定することでトランザクションを結合してデータを取得することができるようになりました。

例えば、「伝票No」と「売上伝票番号」で紐づく以下の2つのトランザクション「伝票」と「納品伝票」があるとします。

「伝票」トランザクションと「納品伝票」トランザクションは項目属性「伝票No」と「売上伝票番号」で紐づけることができますが、項目名が異なるため、GeneXus上の関連は存在しません。

このような場合ではFor Eachでデータを抽出する際、For Eachを入れ子にする必要がありますが、ベーステーブルを複数指定することで、以下のように記述することができます。

```
For Each Nhin_Denpyo,Denpyo                    //ベーステーブルを複数指定
        Where DenpyoDate    =    &D_DenpyoDate When Not Null(&D_DenpyoDate)
        Where Uri_DenpyoNo  =    DenpyoNo//紐づけの条件

        //抽出処理
        &W_NhinDenpyoListSDT_I = New()
        &W_NhinDenpyoListSDT_I.Nhin_DenpyoNo          = Nhin_DenpyoNo
                                    ・
                                    ・
                                    ・
EndFor
```

また、上記の処理を実際に実行した場合、GeneXusからは以下のようにSQLが発行されます。

```
SELECT T1.Nhin_DenpyoNo, T2.DenpyoNo, T1.Uri_DenpyoNo, T2.DenpyoDate
FROM Nhin_Denpyo T1,  Denpyo T2 WHERE (T1.Uri_DenpyoNo = T2.DenpyoNo)
ORDER BY T1.Nhin_DenpyoNo
```

2つのテーブルを結合させる条件。

Point

For Each コマンドにおける複数のベーストランザクション

9-1-2. 抽出条件はForEachのWhereに含める

For Eachを使って処理を行う場合、抽出したデータに対して一件ずつ処理を繰り返し行うため、処理対象のデータに対象とする条件がある場合には、For EachのWhere句で、できるだけ絞り込むことで抽出データ量と処理回数を減らし、速度を改善することができます。

例えば、以下2通りの処理は、抽出される結果は同じです。

```
①抽出後、IF文で対象を絞り込む場合

For Each

    IF (CHU_KBN = 1 AND URI_NO = &NO)
    OR (CHU_KBN = 2 AND SHIN_CD = &NO)

        //抽出対象

    ENDIF

EndFor
```

```
②抽出時、Where句で対象を絞り込む場合

For Each
    Where URI_NO = &NO  When CHU_KBN = 1
    Where SHIN_CD = &NO When CHU_KBN = 2

        //抽出対象

EndFor
```

しかし、データ全体が1000件、条件に該当するデータが10件ある場合、①の処理ではデータ全ての1000回分判定処理が行われるのに対し、②の処理では抽出時に10件に絞り込んでいるため、10回で処理が完了します。

9-1-3. DBへのアクセス処理とプログラムの処理を混ぜない

　For Eachを使って複数件を対象にした更新や削除を行った場合、更新・削除以外の処理がFor Eachに含まれると、一件ずつの処理となってしまいます。

例えば、以下のような場合

①For Eachの中で別処理を実行	②For Eachの中でDELETE処理のみ実行

&date = AddMth(Today(),-6)
 	
For Each
Where DenpyoDate < &date
 	
　　　//削除ログ出力処理
　　　LOG_OUTPUT.Call()
 	
　　　//削除処理
　　　DELETE
 	
EndFor
	&date = AddMth(Today(),-6)
	
	For Each
	　Where DenpyoDate < &date
	
	　　　//削除処理
	　　　DELETE
	
	EndFor

　①の処理では削除処理のほかに削除ログ出力処理があるため、レコードを一件ずつ読みながら削除処理も一件ずつ行う必要がありますが、②では抽出条件に該当するデータが一括削除され、処理が1回で済みます。

　実際に発行されるSQLを確認してみると、

①For Eachの中で別処理を実行	②For Eachの中でDELETE処理のみ実行
ELECT DenpyoDate, DenpyoNo FROM Denpyo WHERE DenpyoDate < :AV8date ORDER BY DenpyoNo 上記SQLを発行の後、 DELETE FROM Denpyo WHERE DenpyoNo = :DenpyoNo	DELETE FROM Denpyo WHERE DenpyoDate < :AV8date

　このように、発行されるSQLが大きく変わります。
　複数件を対象にした更新や削除を行う場合は、他の処理をFor Eachの内部に記載しないようにすると、発行されるSQLがより効率のよい形で生成され、処理速度の改善が行えます。

9-1-4. ForEachのWhere条件にプロシージャや関数を使用しない

　ForEachのWhere条件に「プロシージャを使用する」「条件となる項目属性側に関数を使用する」と、速度低下の要因となります。

　例えば、以下のような抽出処理を記述した場合

```
For Each
    Where DenpyoDate = &D_DenpyoDate
    Where CustomerNm.Substring(1,5) = &D_CustomerNm
    //抽出対象
EndFor
```

　条件となる項目属性CustomerNmに、文字列編集を行うSubstring関数が使用されています。
　この場合、以下のようなSQLが発行されることになります。

```
SELECT DenpyoNo, CustomerNm, DenpyoDate FROM Denpyo WHERE
(SUBSTR(CustomerNm, 1, 5)
= ( :AV6D_CustomerNm)) AND (DenpyoDate = :AV5D_DenpyoDate) ORDER BY
DenpyoNo};
```

　このように、生成されたソースコードでもSQLのSELECT文で列に対して関数が使用されるようになり、CustomerNmが索引列であった場合、Indexが使用されないことになってしまいます。

　また、使用する関数やプロシージャによっては、WHERE句とならず、IF文としてソースコードが生成されてしまい、さらにレスポンスが落ちてしまうこともあります。

```
SELECT DenpyoNo, CustomerNm, DenpyoDate FROM Denpyo WHERE (DenpyoDate =
:AV5D_DenpyoDate) ORDER BY DenpyoNo};
```

> SQLに条件が付かず、自動生成されるプログラム上でIF文が生成される。

　以上のことから、抽出処理を行う際、ForEachのWhere条件にプロシージャを使用したり、条件となる項目属性側に関数を使用したりするのは、避けた方がよいと言えます。どうしても使用する必要がある場合には、上記の問題を念頭に置いてください。

9-1-5. ユーザインデックスを作成する

ユーザインデックスを作成することで、トランザクションの検索速度を向上させることができます。

①メニューから「テーブル」を表示する

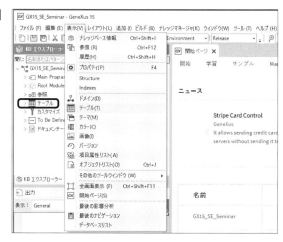

②ユーザインデックスを作成したいテーブルオブジェクトを開く。

③テーブルオブジェクトの「Indexes」タブに移動する。
※キー項目と外部キーのインデックスは自動的に作成されます。

④項目属性の一番上の項目を右クリック→メニューから「インデックスを追加」を選択する。
⑤追加したユーザインデックスを右クリック→「項目属性を追加」を実行し、インデックスを適用する項目属性を入力する。

9-1-6. SDTをWebPanel上に配置する場合の注意

SDTは画面に貼り付けることで、画面上の項目やグリッドとして扱うことができ、活用すれば記述量の短縮に繋げることができる有用な機能です。しかし、画面に貼り付けたSDTの内容はHTML上に隠し項目として保持されるため、隠れた部分でHTMLの量を増加させてしまいます。

例として、以下のようなSDTをグリッドにして画面上に配置した場合

DenpyoNo	DenpyoDate	CustomerId	CustomerNm	CustomerTel	DetailNo	ItemCd	ItemNm	ItemSuryo	ItemTanka	ItemPrice	Biko
1	2016/06/05	1	1	1	1	1	1	1	1	1	備考1
2	2016/06/06	2	2	2	2	2	2	2	2	2	備考2
3	2016/06/07	3	3	3	3	3	3	3	3	3	備考3
4	2016/06/08	4	4	4	4	4	4	4	4	4	備考4
5	2016/06/09	5	5	5	5	5	5	5	5	5	備考5

HTMLは以下のように生成されます。

上枠の上部がグリッドに表示している情報です。枠の下部に隠し項目でSDTの情報を保持していることが分かります。SDTに格納したデータが多いほど隠し項目の量が増えるため、画面の表示速度は遅くなります。SDTを画面に配置する際には、保持するデータ量がどの程度かを把握することが重要です。

9-1-7. ビジネスコンポーネントを使用した大量の更新

第4章にて詳細の説明が記載されておりますが、ビジネスコンポーネントは一件ずつ登録・更新・削除を行うため、NewやForEachコマンドに比べて速度が遅くなります。大量のデータの更新・削除を行う場合はビジネスコンポーネントの使用をやめ、NewやForEachコマンドを使用することで速度の改善が見込めます。（特に更新と削除は顕著に違いが現れます）

9-1-8. ループ内で行う必要の無い処理の整理

　大量のデータを扱う場合、一つの処理自体は数ミリ秒の処理でも、数十万件・数百万件のデータを処理していると、積もり積もって時間が増えることになります。ループ内で行う必要のない処理を整理することで、処理の無駄を省いて速度を改善することができます。

例：以下の内部のForEachはループ外に移動することができます。

```
For Each
   Where DenpyoDate = &D_DenpyoDate

   For Each Where ItemCd = 10
      &ItemKbn = ItemKbn
   EndFor

   If &ItemKbn = '1'
      ItemPrice = ItemPrice * 0.08
   EndIf
EndFor
```

```
For Each Where ItemCd = 10
   &ItemKbn = ItemKbn
EndFor

For Each
   Where DenpyoDate = &D_DenpyoDate
   If &ItemKbn = '1'
      ItemPrice = ItemPrice * 0.08
   EndIf
EndFor
```

9-2　ビルド時間の性能改善

　システムのレスポンスではありませんが、GeneXus X Ev3よりマルチコアCPUの対応が行われ、ビルド時の分析と生成に対して、CPUをいくつ割り当てるかを設定することができるようになりました。並列処理の改善のため、一機能のビルドに対しての効果は薄いですが、リビルド時には高い効果が発揮されます。

メニューバーの「ツール / オプション」を選択し、ビルドを表示します。

【推奨設定】
CPU4コア: [同時生成] = 2、[同時分析] = 3
CPU8コア: [同時生成] = 4、[同時分析] = 5

補足

【参考サイト】
GeneXus 日本語Wiki：**http://wiki.genexus.jp/hshowtopcategories.aspx**
GeneXus MarketPlace：**https://marketplace.genexus.com/home.aspx?,en**
GeneXus Community Wiki：
　　　　　　　http://wiki.genexus.com/commwiki/servlet/wiki?1755,Wiki+Home
GeneXus Account：**https://www.genexus.com/en/developers/logingenexus**

付録

付録1. GeneXusを利用した業務システム開発手法

付録2. GST（GeneXus SYSTEM-Template）でさらなる高生産性へ

付録3. WorkWithPlus

付録4. 評価ライセンス、インストール等について

付録1 GeneXusを利用した業務システム開発手法

ここでは、これまで記述したGeneXusを用いて業務システムを開発する手順について記述します。

従来のウォーターフォール開発手法とは一線を画したプロトタイプを主にしたイテレーション開発手法は、ユーザが早期に画面等を確認しつつ、それを改修しながら目的とするシステムに早期にたどり着く手法です。昨今求められるビジネス変化に俊敏に対応するシステム作りに大きく寄与すると考えています。

はじめに

株式会社ウイングではGeneXusを用いて業務システム開発を行う方法として、自動生成をベースとした超高速開発プロセス（自動生成ベース開発）を提唱しています。これはGeneXusのコード自動生成機能をフルに活用し、要件を定義した段階で主機能についてプロトタイプを作成し、顧客とシステム動作や画面を確認しながら開発を進めていく手法です。これにより、顧客は完成システムの骨組みを俯瞰しながら開発を進めることができるので、手戻りが少なく失敗しない開発が行えるのです。以下、このGeneXusを用いた自動生成ベース開発の考え方と手順について説明します。

付1-1 要件定義段階からGeneXusを活用する

要件定義とは「システム開発において、実装すべき機能や満たすべき性能を明確にすること」です。一般的にシステム開発の失敗原因の大半は要件定義にあるといわれます。

「要件を伝えきれない」「要件を把握しきれない」といった問題が、どのタイミ

ングで発見できるかというと、ウォーターフォール開発手法の場合はユーザが完成物を確認する"運用テスト"の工程となります。運用テストで要件が不足していたことが判明した場合、既に作られた機能の修正が発生し、膨大な改修コストがかかることとなります。

一方でこの要件定義の工程はユーザにとって非常に難しい作業となります。「自分の業務」を紙で表現し、さらに改善を加えた「新しい業務」も紙で確認する必要があり、間違っていた場合や漏れがあった場合はせっかく作ったシステムでも、業務を回すことができない結果になり、ユーザに優しくない作業が強いられているのではないかと考えています。

GeneXusを活用した場合は、以下のように作業を進めます。

・要件定義の段階でプロトタイプを作成する
・ユーザと開発者でプロトタイプを検証する
・プロトタイプを実際に操作しながらシステムの検証を行い、業務が回ることを確認する
・業務が回ることが確認できたら、要件定義を終了

次工程で、そのプロトタイプについて「どこまで使いやすくするか」、「どれだけのデータチェックを行うか」を取り決めてしまえば、確実に業務が回るシステムが作り上げられます。
　すなわち・・・
「要件定義でプロジェクトの成功を確約する」
　これがGeneXusを要件定義段階から活用する目的となります。

付1-2 超高速開発プロセス

①プロジェクト規範
◆プロトタイプ検証の目的は「業務の確認」であることを理解する
　・プロトタイプは自動生成画面をフル活用する
　・自動生成以外の帳票・バッチ処理については想像力で補う
　・プロトタイプは修正を繰り返すので、その時点の品質にこだわらない
◆GeneXusの自動生成のメリットを理解する
　・自動生成画面を活用することで、品質・生産性の向上、品質の平準化が見込める

・すなわち、リリース以降の保守メンテナンス性も向上する
◆ユーザと開発者で一緒に作り上げていく
　・プロジェクトの中で要件定義／プロトタイプ検証が最も重要となる
　・担当者（意思決定権者）を立て、変更しない
　・システム、仕様に対しての価値、コストメリットを判断する

②業務フローの作成
◆業務フロー
　・各役割のユーザから日次・週次・月次・年次・随時の作業を抽出し業務処理と業務パターンを洗い出して、フローを作成する
　・改善点を検討し、新業務フローを作成する
　　成果物：業務フロー
◆システム化業務フロー
　・システム機能範囲を取り決め、システム機能を整理する
　・各機能のINPUTとOUTPUTを整理する
　　成果物：システム化業務フロー、機能一覧

③データ項目整理と機能概要
◆データ項目の整理
　システム化業務フローのINPUTとOUTPUTから、データを抽出し、各データの管理単位（キー項目）と主要項目を整理する
　　成果物：データモデル、データ項目定義
◆機能概要
　システム化業務フローの各機能の概要を整理する
　　成果物：機能概要

④プロトタイプ検証
◆プロトタイプ作成
　・データ項目を整理した結果のデータ項目定義をGeneXusに投入
　・Workwithパターンを適用
　・業務フローを基に検証するために必要な機能を簡易に実装
　　成果物：GeneXusナレッジベース
◆プロトタイプ検証
　・業務フローを基にプロトタイプを検証
　・データの流れ、管理単位、各ユーザの役割、各機能の使い方・要望などを確認
　　成果物：課題要望一覧

⑤管理
◆システム規模が大きい場合
　・サブシステム単位でプロトタイプ検証を実施
　・全体のコントロール役として、ユーザ側・開発側から1名ずつを責任者として
アサイン、全体の整合性を管理するWorkwith、WorkwithPlus
◆プロトタイプ検証完了後
　・機能概要を基にシステムの画面スタイルを取り決め
　　　Workwith、WorkwithPlus、WebPanelテンプレート
　・システムの再見積りを行い、計画の見直しを行う

　以上の超高速開発プロセスと図-1に、要件定義の進め方を「ウイングGeneXus開発プロセスの要件定義概要」にまとめました。

図1　ウイングGeneXusの開発プロセス

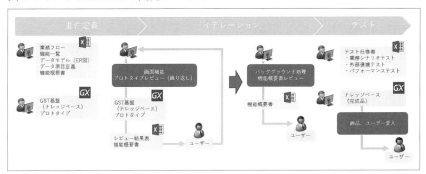

ウイングGeneXus開発プロセスの要件定義概要

開発プロセスの概要

　GeneXusでの開発は、プロトタイプを利用したイテレーション開発です。従来のドキュメントでの要件のレビューと合意、テスト段階で実物を見て検証ではなく、要件定義段階でプロトタイプにより業務フローに沿って動作検証を繰り返しながら業務の確認と機能を実装していきます。これによって最小限のドキュメントで認識齟齬のないシステムを構築することができます。

要件定義の成果物

①業務フロー
・一般的な業務フローと同様に、登場人物と業務の流れ・タイミングを整理します

・最終的には各業務に対してのシステム機能、そのIN/OUTまでを整理します

②機能一覧
・①の業務フローをもとにシステム機能を洗い出した結果を一覧にします

③データモデル
・①の業務フローをもとに各業務のIN/OUTからデータモデルを作成します

④データ項目定義
・③のデータモデルと帳票などをもとに、各データの項目を整理します

⑤機能概要
・プロトタイプでは表現しない内容を記載していきます
・すべてのデータチェック、バックロジック、帳票の編集内容 等

⑥課題管理表
・レビューで出てきた課題や要望を管理します

⑦プロトタイプ
・エンドユーザとのイメージの共有のために作成します
・開発時ではプロトタイプをブラッシュアップすることで、システムを完成させます

Step.1 要件定義の進め方（最初の作業）

　システムの全体像をとらえ、プロトタイプを作成するために必要な最低限の情報を整理します。
　スケジュールを作るためにもこの時点での概算工数を算出しておくことが重要となります。
①業務フローの作成、確認　　　（業務フロー）
②機能の洗い出し　　　　　　　（機能一覧表）
③機能のデータIN/OUTの洗い出し　（データモデル）
④データ項目整理　　　　　　　（データ項目定義）
⑤レビュー
・精密でなくともある程度の出来で良い
・情報システム部門がリードして作業を行い、エンドユーザ（利用者）が回答者

Step.2 要件定義の進め方（プロトタイプの作成）

　GeneXusを使用してプロトタイプを作成します。まずはエンドユーザー（利用者）にシステムのイメージを掴んでいただくためにも早めの実施が重要となります。

①GST(GeneXus SYSTEM・Templato：付録2を参照) を用意
②ロゴ、システム名を変更
③メニュー／権限データをGeneXusへ投入
④データ項目定義をGeneXusへ投入
⑤各機能を業務フローをふまえて調整
　　　・画面項目位置の調整
　　　・検索条件、並び順
　　　・必須項目
　　　・コンボ、ラジオの調整
→**プロトタイプ**

⑥プロトタイプレビュー
　　プロトタイプを利用者に見せながら機能ごとにヒアリング
　　　　・項目過不足
　　　　・必須エラーチェック
　　　　・取得先データ
→**機能概要、課題管理表**

Step.3 要件定義の進め方（イテレーション）

前項「要件定義の進め方　Step.2」 のレビュー内容を繰り返し
・業務フロー
・機能一覧
・データモデル
・データ項目定義
・機能概要
・課題管理表
・プロトタイプ
について、精度を上げていきます

　　基準として重要機能は2,3回、簡易機能は1,2回の繰り返しレビューを実施

Step.4 要件定義の進め方（プロトタイプ作成のコツ）

　プロトタイプの活用はシステムイメージを共有するためのものであり、「認識の齟齬を発生させない」「作業の手戻りをなくす」ためのものです。そのために、イメージが見えないものは作りません。
例えば、
　　・バックロジックは目に見えないので作らない
　　・すべてのエラーチェックをプロトタイプで作らない
　　・帳票は見た目だけでよい
　　です。

　資料で確認したほうが良い内容は機能概要または別紙にて確認を行います。エラーチェックなどは、いくつかの動作イメージをプロトタイプで確認し、残りは機能概要での確認といった進め方がよいでしょう。そして、動作ができるＰＣをエンドユーザ（利用者）に提供し、実際に動かしてもらうことが大切です。

付1-3 最後に

　GeneXusだからできる、「要件定義からの活用方法」はいかがでしょうか。特にビジネス変化が激しく、スモールスタートでスピード感を持ってビジネス・システムを動かし、状況の変化に俊敏に対応しなければいけない業種・業態に対して高い効果が発揮できると考えています。また、ユーザが内製化を進める上でも適した手法であると思います。
　更に大規模システムにおいても要件定義段階でシステムの検証を行うことで、プロジェクト失敗のリスクを軽減させることのメリットは非常に大きいと考えています。

GST (GeneXus SYSTEM-Template) でさらなる高生産性へ

付録2

> 株式会社ウイングではGeneXusの持つ強力な生産性をさらに高めるため、「GST（GeneXus SYSTEM-Template）」というソリューションを提供しております。
> 本章では、このGSTについて紹介します。

GeneXusシステムテンプレートの概要
―業務システム構築用ナレッジベース・テンプレート―

　GeneXusは優れた開発ツールですが、GeneXusを知らない方からすると、どのようなシステムが構築できるか分かりません。また、自動化ツールというものが未だ完全な市民権を得ていない現状もあり、ご説明するのが非常に難しいツールでもあります。GeneXus初心者のユーザにとってはゼロからナレッジベースを構築するのは少々敷居が高く、これが利用促進の障害となっているのも事実です。

　ウイングでは、汎用ナレッジベースであるGSTを提供することでGeneXusへの敷居を低くすることに成功しただけでなく、汎用機能がすでに実装されているため生産性を大幅に向上させることもできました。また、実際にGeneXusで生成したシステムの効果を確認したいユーザにとっては、レビューによる確認が可能となり、GeneXusから生成するシステムに対する安心感を生むこともできました。

　以下、GSTについてのメリットや目的を説明していきます。

付 2-1　GSTのメリット

　GSTは、システムに必要な汎用機能が最初から実装されているGeneXus専用のアプリケーション・コア・ナレッジベースです。通常GeneXusでは、ナレッ

ジベースを作成した後は、オブジェクトをゼロから作成していかなければなりませんが、GSTには汎用的に必要となる部品や機能、及びサンプルプログラムを内包したオブジェクトが用意されています。

GSTを使用することで、以下のメリットがあります。
・GeneXusの生産性を飛躍的に高めることができます。
・GSTは汎用的な画面や機能を備えたシステムでもあるため、レビューにより早期にお客様からのご要望を引き出すことができます。
・GSTはシステムでありながらサンプルプログラム集でもあるため、豊富なドキュメント群と組み合わせることで、GeneXusの技術教育への活用、および企業内のGeneXus技術力の大幅強化が可能となります。

GST製品構成は以下の通りです。

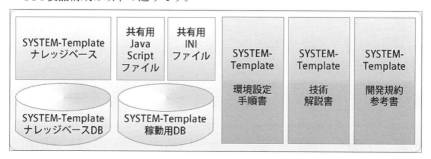

付2-2 GSTの特徴

①すぐに使える
　GSTには、ログイン画面、メニュー画面、業務サンプル画面、グラフ表示画面、共通部品、技術サンプルを標準装備し、さらにシステム基盤以外にも利用者へのプロトタイプとして即時に活用出来るよう機能実装されています。

　　　【ログイン画面】　　　　　　　　　【システムメニュー画面】

分析機能として、グラフ作成機能も標準装備されています。

②内部統制への対応

GSTでは、「内部統制」というキーワードから、要望の多いユーザー権限によるシステムの利用制限機能、ログ出力機能、データ更新履歴管理機能が用意されており、簡単なカスタマイズを行うことでシステムの要件にあった形で利用することが可能です。

システムの利用者による権限設定を可能とし、ログインユーザーの権限により、メニューに表示する機能を制限します。また、各機能での権限チェックも行われており、確実な利用制限が行えます。

各データの更新履歴を管理することで、誰が・いつ・どのデータを変更したかを把握できます。
　この機能により、データに問題が発生した場合の調査追跡が行えます。

　データの更新にはGeneXusビジネスコンポーネントを利用する事で、履歴テーブルの更新処理を全てビジネスコンポーネント内に包括することができます。そのため、開発者は履歴テーブルの更新を意識する必要がなくなるだけでなく、生産性にも影響が出ません。

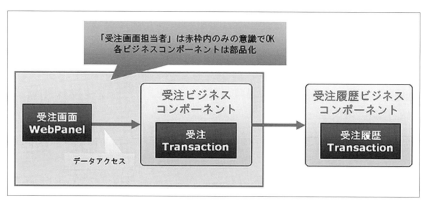

　ログ出力機能を標準装備し、外部データ出力時やエラー発生時等にログ出力を組み込むことで、問題発生時の調査追跡が行えます。 CSVファイル形式で作成されますので、Excelにて内容を表示して、データの外部出力・データの改変等の確認が行えます。

③優れたユーザビリティ
　GSTは、Web基幹システムを想定したノウハウを中心に構築されていますので、ファンクションキー操作、PDF帳票出力、AJAX等の活用により、汎用機及びクライアント/サーバ型システムのようなオペレーションを実現する最新技術を実装できます。

付録 2. GST（GeneXus SYSTEM-Template）で更なる高生産性へ

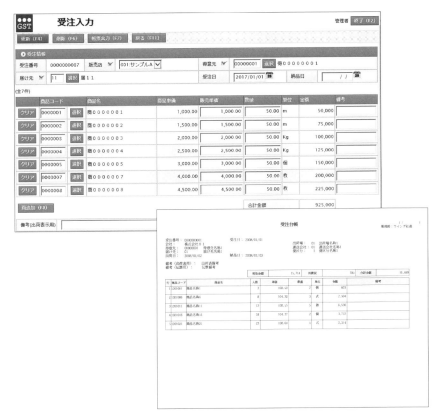

④豊富なドキュメンテーション

　GSTには「1．環境設定手順書」「2．技術解説書」「3．開発規約参考書」の3冊の解説書が付いています。

　3冊合わせて350ページ以上にわたっており、GeneXusでのシステム開発に必要なノウハウの習得、さらには技術者の育成にも利用出来ます。

 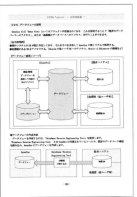 

235

付2-3 GSTの目的

①開発プロセスの最適化

　GeneXusの開発方法論としてプロトタイプによる開発手法を採用できるのは、特長としてレビュー（目視確認）が容易にできる点が挙げられます。GSTは、この特長を最大限活かせるよう、プロジェクトの開始時にお客様がGSTをレビューすることでスムーズな要件定義、およびデータモデル構築を実現することを目的としています。

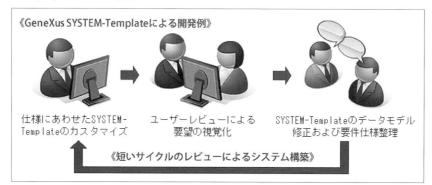

②「開発基盤構築」に費やす工数を大幅削減

　一般的にシステム構築において開発基盤の構築作業は工数面で大きな割合を占めます。

　GSTは開発基盤でもあるため、この「開発基盤構築」を大幅に削減し、システムを短納期で構築することが出来ます。

③GeneXus導入企業様への手助け

　初期導入の利用者にとってGeneXusは魅力的なツールではあることはご理解していただけますが、技術及びノウハウの習得に時間が掛かることが課題となっていました。GeneXusに関する情報はまだ世に少なく、サンプルコードが欲しい、という利用者からの要望も多くありました。

　上記の課題と要望を踏まえ、ウイングではシステムの基盤・サンプル・ドキュメンテーションを備えたGSTを作成し、GSTを通じて同じような課題を抱えている利用者への手助けが出来ると考えています。

付録3 WorkWithPlus

付3-1 WorkWithPlusの概要

　WorkWithPlusとはGeneXusオプション製品でGeneXus単体では実装の難しい機能を、プロパティに対するパラメータの設定のみで実現することができるテンプレートです。

※詳細はWorkWithPlusパターンヘルプ（http://wwp.genexus.jp/help/indexh.htm）を参照してください。

付 3-2 WorkWithPlusの機能

WorkWithPlusの機能の一部をご紹介します。

トランザクションの「Patterns」－「WorkWith Plus」タブにWorkWithPlusのパターン設定テンプレートに従ったパターンが表示されます。「保存時にこのパターンを適用」チェックボックスをONにすると、各機能に編集したパターンで実装オブジェクトが生成されます。

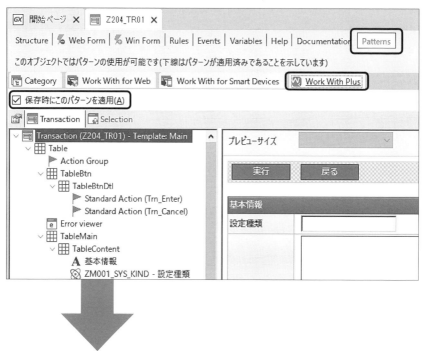

付3-3 WorkWithPlusのパターン設定（テンプレート編集）

トランザクションの「Patterns」-「WorkWith Plus」タブで初期表示されるWorkWithPlusのパターン設定テンプレートについて、設定ウィンドウの「パターン」-「WorkWithPlus」からカスタマイズ可能です。

1) Transaction（登録画面）のパターン設定例

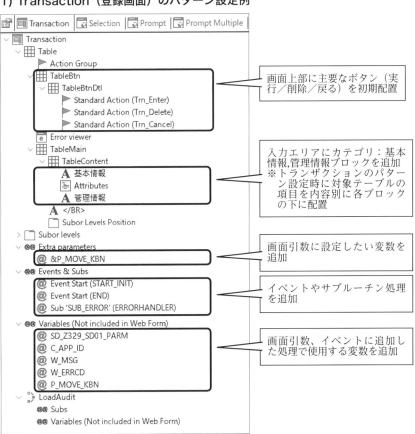

2) Selection（一覧画面）のパターン設定例

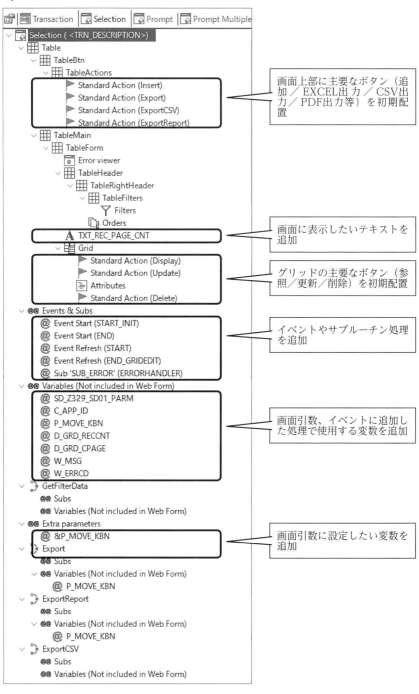

3)マスターページのパターン設定例

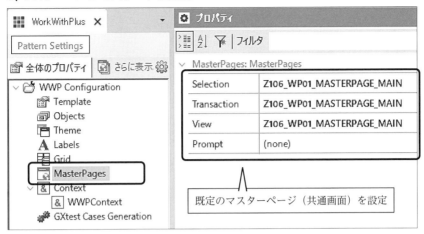

付3-4 WorkWithPlusのパターン設定（各トランザクション）

各トランザクションでは前述の「WorkWithPlusパターン設定（テンプレート編集）」に従って、作成されたパターンを対象機能に合わせカスタマイズします。

【項目のプロパティ設定】

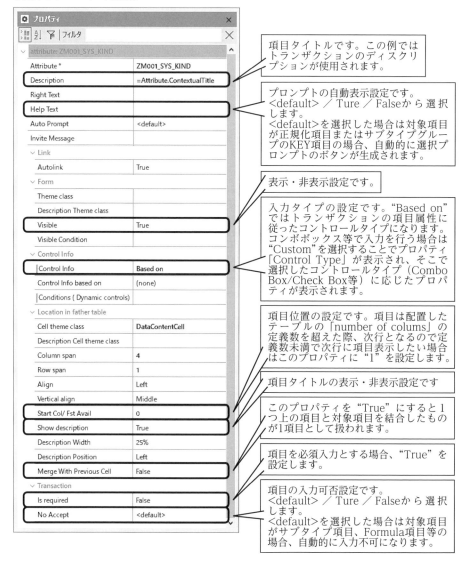

付録4 評価ライセンス、インストール等について

　GeneXusの利用には、ライセンスが必要になります。評価用ライセンスは、各販売代理店でお取り扱いをいたしております。弊社でお取り扱いいたしておりますので、お気軽にお問合せください。

　GeneXus本体のインストールについては、ジェネクサス・ジャパン株式会社のホームページより、ダウンロードしてインストールをお願いいたします。インストール方法については、同サイトに掲載の、インストールガイドをご確認ください。

　それでは、実際にナレッジベースを作成してみましょう。

　ここからは演習形式による説明を行います。今回は開発環境として、.NET(C#)及びSQLServerによるWebシステム構築を想定して演習を進めます。また、Webサーバとして、別途IIS (Internet Information Services)が必要になりますので、インストールされていない環境では、IISのセットアップを先に行って頂きます。本章の演習を始める前に、IISにて.NET環境が利用できる環境(IIS上でaspnet_clientが設定されている環境)であることをご確認下さい。

　※IISのセットアップ、及び.NET環境の構築についてご不明な点がある場合は、Microsoftのホームページなどを参考にして下さい。

ジェネクサス・ジャパン株式会社のホームページ
https://www.genexus.com/ja-JP/japan

終わりに

GeneXusの未来

　数年前、某米国大学教授の講演会に出席する機会がありました。この教授は、日本のある大手企業と米国のベンチャー企業を比較し、「会社の価値（時価総額）はベンチャー企業の方が高い。日本企業の企業価値が低いのは、先端IT技術（情報技術）への投資が少ないからだ」と断じました。

　しかし、日本企業の経営者達は、決してIT技術への投資額が少ないとは感じていないかもしれません。多くの日本の企業は、数十年前に開発したレガシーシステムと呼ばれる古いIT技術で作られたシステムを使っています。そして、そのレガシーシステムのバグ対応や改修作業のために、毎年多額の保守費や改修費を支払っています。ですから、経営者の方達は、これから先端ＩＴ技術に投資しても、更にレガシーシステムの候補を増やすだけかもしれず、また、数年後には再構築の話題に悩まされる羽目に陥ることを心配するでしょう。

　このレガシーシステムを保守する費用が、IT技術への投資額の8割を占める現状を見ると、長年利用しているレガシーシステムの問題解決こそが、日本企業の抱える最優先課題であるといえます。そして、この問題を解決できなければ、AIやIoT等への柔軟な対応が取れず、デジタル・トランスフォーメーションへの対応が遅れ、「デジタル競争の敗者」となることは確実です。

　経済産業新報2018年10月1日号に『基幹情報システムに「2025年の崖」』という記事が掲載されましたが、ようやく政府の役人もレガシーシステムの問題が、日本経済に大きく悪影響を及ぼしていることに気付き始めたようです。

　弊社は長年にわたりレガシーシステムの問題解決の重要性を述べてきました。そして、現在では「ビジネスの未来を守る(Futureproofing your business!)」というキャッチコピーを使っています。このキャッチコピーは、2005年に米国のKen Orr氏の書いた論文（Futureproofing Your Organization）のタイトルをもじったものです。

　レガシーシステムを再構築することは容易ではありません。新規開発よりも困難であるとも言えます。理由は、長年レガシーシステムを利用してきたユーザ部門から、再構築に必要な要件定義書を作成するための業務知識が喪失し、レガシー

システムの利用方法が業務知識に置き換わっているからです。こんな状態で、曖昧な記述による要件定義書に基づいて開発を始めても、仕様変更や機能追加の繰り返しで、再構築のシステム開発は頓挫するのです。

　苦労の末にシステムの再構築が完了したとしても、「システムは完成した時から陳腐化が始まる」と言われているように、IT技術の進化を止めない限り、またいずれ再構築の話題が出てきます。ですから、レガシーシステムを再構築する際には、将来のITの進化に影響されず二度とレガシー化させないことが必須条件なのです。

　ジェネクサス（GeneXus）は、ウルグアイ共和国大学ゴンダ元教授の数理論理学の理論に基づき、教え子のホダール氏が1988年にプロトタイプを完成させた技術です。ゴンダ元教授は、この技術を「業務知識を入力すると、推論によって実現方法を含む設計情報を自動的に生成し、希望するIT環境用のシステムを自動生成する」と説明しています。

　1989年に発表されたGeneXus Ver.1.0は、業務仕様から正規化されたデータモデルとデータベースを自動的に生成するという機能だけで、目標は「プログラムの70％を自動生成し、保守できる」ことでした。残りの30％は手作業でプログラムを書き、保守しなければならなかったのです。彼らも、最初は「プログラム全体を自動的に保守できる」とは期待していなかったのです。

　ジェネクサスを最初に利用したお客様は、開発生産性が著しく向上したことに満足されました。しかし、実際は「データベースを自動的に保守できる」という点にジェネクサスの価値を見出していたのです。そして、次第にお客様からの「業務システムのすべてを自動的に開発・保守可能にしてくれ」という要求に晒されることになりました。

　そこで、彼らは仲間を募り、お客様からの要求を実現させるための研究を続けました。そして、「業務システムのすべてを自動的に開発・保守可能」な現在のジェネクサスが完成したのです。

　業務システムを短期間に安く開発できることは重要です。しかし、業務システムのライフサイクル全体にかかる費用を考えると、開発に要する費用はわずか20〜30％でしかありません。残りの70〜80％は開発終了後の保守や改修に要する費用です。プログラムにはバグが付き物なので、システムを使い続けていく限り、バグを修正するための多額な保守費用が必要となります。

世の中には、数多くの高速開発ツールが存在しています。しかし、フレームワーク（ソフトウェア部品）に基づくツールは、それ自身が現在のIT技術で作られています。ですから、IT技術の進化に伴い開発ツール自身が陳腐化していくのです。これではユーザ企業の「ビジネスの未来を守る(Futureproofing your business!)」ことは不可能です。

　一方、ジェネクサスはIT技術の進化に伴い、平均2年毎に新バージョンを発表し、常に最新のIT技術に対応してきました。最新バージョンは、NoSQL Database、Serverless、Chatbotジェネレータ、Angularジェネレータ、.Net Coreジェネレータ等にも対応しています。さらに、SAP等の外部システムを統合化し、DevOpsを実現するためにテスト機能も統合化しようとしています。

　ジェネクサス・ジャパン株式会社を設立して数年後に自社セミナーを開催し、某大学の有名教授に基調講演をお願いしました。彼は講演の冒頭で「No Silver Bullet（銀の弾丸など無い）」と断言しました。まるで多くの聴衆の前で、我々の活動をあざ笑うような発言でした。

　この有名な言葉は、フレデリック・ブルックスが1986年にIFIPに寄稿した論文で、「魔法のように、すぐに役に立ちプログラマの生産性を倍増させるような技術や実践 (特効薬) は、今後10年間（論文が著された1986年の時点から10年の間）は現れないだろう」というものです。（参照：https://ja.wikipedia.org/wiki/銀の弾などない)

　当時は、「失礼な！」とは思ったものの、この教授の言葉に反論することはできませんでした。胸を張って誇れるような実績が、日本ではまだなかったからです。

　しかし、数年前ジェネクサスを御自身で評価いただいたある大学教授から、「銀の弾丸って本当にあったんだね」というお言葉をいただきました。あえて、ジェネクサスが「Silver Bullet（銀の弾丸）」だと主張するつもりはありませんが、候補の1つであるとは思っています。

　この大学教授の言葉は、これまでジェネクサスの普及に努力してきた我々にとって、とても励みになるものでした。ＩＴ技術の進化に苦しんでおられる多くの企業様の一助となれますよう、今後も努力して参ります。

ジェネクサス・ジャパン　代表取締役　大脇 文雄

株式会社ウイング

「お客様の"欲しい"を創造し、共に"喜び"、共に"発展"します」の経営理念を揚げ、社会の課題と企業のニーズをもとに、ユーザー企業に価値あるソフトウエア製品とサービス提供の事業を展開している。GeneXusの国内発表当初からライセンスの販売、開発に取り組み、数多くの実績とノウハウを有し、ユーザー企業及びシステムインテグレータに開発指導も行っている。

〈会社URL〉www.weing.co.jp
〈メールアドレス〉weing-genexus@weing.co.jp

事業所
　東京：〒101-0025
　　　　東京都千代田区神田佐久間町1-25
　　　　TEL：03-5295-7021

　新潟：〒950-0083
　　　　新潟県新潟市中央区蒲原町5-29
　　　　TEL：025-246-7051

〈GeneXus情報サイト〉www.weing-genexus.com

執筆
　株式会社ウイング
　　周佐 匡芳　　GeneXus X　Evolution3 Senior Analyst
　　高橋 遼平　　GeneXus X　Evolution3 Senior Analyst
　　　　　　　　ITサービスマネージャ試験合格
　　加藤 貴司　　GeneXus 15 Senior Analyst
　　　　　　　　*GeneXus社認定
　　　　　　　　GeneXusアナリスト認定資格　Senior Analyst
　　伊藤 創
　　田中 八栄子

はじめてのGeneXus（ジェネクサス）(GeneXus16仕様)

2019年3月12日〔初版第1刷発行〕

著　者	株式会社ウイング
発行人	佐々木　紀行
発行所	株式会社カナリアコミュニケーションズ
	〒141-0031　東京都品川区西五反田6-2-7　ウエストサイド五反田ビル3F
	TEL　03-5436-9701　FAX　03-3491-9699
	http://www.canaria-book.com

印　刷	株式会社クリード
編集協力	中山一弘
装丁・DTP	新藤昇

ⒸWeing 2019. Printed in Japan
ISBN978-4-7782-0448-8　C3055

定価はカバーに表示してあります。乱丁・落丁本がございましたらお取り替えいたします。カナリアコミュニケーションズあてにお送りください。
本書の内容の一部あるいは全部を無断で複製複写（コピー）することは、著作権法上の例外を除き禁じられています。